武器としての図で考える習慣

「抽象化思考」のレッスン

Art of Conceptual Thinking

圖像思考的練習

平井孝志——著
TAKASHI HIRAI
李瓊祺——譯

這樣做，推動10億生意、調解糾紛、做出成果

前言

「思考」意外地困難

各位讀者大家好。我是平井孝志，目前是筑波大學東京校區的大學教授，專長是管理策略理論。

當大學教授之前，我曾在貝恩策略顧問公司、羅蘭．貝格國際管理諮詢公司當過管理顧問，也曾擔任戴爾電腦公司的行銷總監，以及日本星巴克咖啡的經營企畫部部長。

換言之，我在商界的年資長達三十年以上，這段期間我得「思考」企業管理課題的解決之道，以及如何創新構思，同時必須「交出成績」。

過去我也曾經根據這樣的資歷，出版過許多商業或思考術的書籍，而這次我想撰寫的是以「圖像思考」為主題的書。

「思考」一詞說來簡單，但認真追究起來卻十分深奧……

當我們想要刻意「思考」什麼的時候，一定都希望能提出絕佳的創意，也必然都期待能找到有效解決問題的方案。我們都希望能用最短的時間，找到根本的答案。因此我們會想要「仔細思考」「深入思考」。

但所謂的「仔細思考」「深入思考」，具體來說究竟該怎麼做呢？要回答這個問題超乎意料之外地困難。

當然，答案可能因人而異，有時候也不只有一個。

不過，請各位放心。我深信本書所介紹的「圖像思考法」，只是「深入思考」的其中一個方法，而且是任何人都可以運用的高效率武器。

聰明人為何喜歡用白板？

人如何才能「仔細思考」「深入思考」呢？

答案就藏在那些「能仔細思考的人」「能深入思考的人」身上，他們所擁有的共通習慣裡。

我在管顧界時，接觸過許多優秀的顧問；年輕時，也曾在美國麻省理工學院攻讀ＭＢＡ，在那裡我見過許多比我聰明不知多少倍的人。

而我觀察到的是，那些讓我覺得「思考得眞仔細」「擁有敏銳想法」的人，也就是聰明的人，他們都常常站在白板前面畫「圖」。並且，他們善用「圖像」來呈現重要的事物，並巧妙地整理討論的內容，推導出根本的答案。他們將整個白板當成了自己的思考園地。

我原本並不擅於「思考」，但幸運的是，長年身處在一群聰明人之中，因此吸收了他們的思考方式，學會了圖像思考的習慣。我念理工科，原本就習慣使用圖像、表格，這也是我幸運的地方。

現在，我也變得會利用各式各樣的圖像來思考，而且比過去更深入。

用圖像推動幾十億日圓的商機

圖像思考也可以成爲我們在商業上的一大武器。因爲聰明、能幹的人，多半都會透過圖像思考來決策。

我第一次見識到「圖像」的威力，是在三十年前的一個暑假，當時正值就職活動期間，我很幸運地在全球性的貝恩策略顧問公司獲得暑期實習的機會。我在此時首次知道具有豐富圖像的PPM，因此大開眼界（PPM爲何物，請容我後述）。原來高達數十日億日圓的商業判斷，是透過這種圖像來進行，原來優秀的商業人士是利用這麼充滿魅力的圖像在思考，這些體驗讓當時的我感動萬分。

我認爲「圖像思考」之所以能發揮威力，是因爲它能描繪全局（整體樣貌），可以更明確地推演邏輯，更確切地把握結構與動態。然而，爲何「圖像思考」能夠達成這些可能？因爲利用圖像思考，我們有辦法將事物抽象化，並重新認識事物的本質。這正是「文字」所難以辦到的。

本書架構

我統整、傳達自己多年所學的「圖像思考法」，本書大體可分爲PART 1

和 PART 2 兩個部分。

基礎篇的 PART 1 將會說明「爲何使用圖像能讓思考更深入」，並根據這樣的基本認識來介紹基礎的「畫圖方式」。讓各位讀者從這裡踏出「邊畫邊思考」的第一步。

實踐篇的 PART 2 中，我將介紹四種圖像的「模型」：「金字塔圖」「田字圖」「箭形圖」「迴圈圖」，目的是讓大家學會專業人士也在使用的各種「模型」和「思考切入點」。

此外，PART 1、2 的文末都準備了練習題目，讓大家複習。讀者可透過實戰演練，確認實際上究竟該如何利用圖像、深入思考。

當我在回顧人生時，會發現「圖像思考」曾在許多不同的情境下產生作用，例如：

・進行事前討論時，若在紙張或白板上畫圖，就能簡單、扼要地整理討論的內容。

・製作報告或簡報時，放入用心繪製的圖像，就會得到高度評價。
・遇到難題而卡關時，只要在紙上畫出圖像，就能靈光一閃。

各位讀者今後若面臨問題、想使用圖像思考的時候，衷心期盼這本書能成為各位的思考武器。

請大家多多指教。

PART 1 基礎篇

PART 2 實踐篇

序　章

圖像思考
讓人生、工作都順利

首先，讓我們來了解一下圖像思考能幫助我們在人生、工作上達成哪些事，以及為何我們要學會「圖像思考」的方法。

1 如何才能「深入思考」呢？

雖然大家都說「要思考」……

無論在職場或學校，我們經常被念說「要思考」。

「關於這個問題，你要好好想一想！」
「你得深入思考怎麼做比較好！」
「去重新思索一個更好的構想！」

然而，不論是父母、老師或上司，他們從來沒有告訴我們該「如何思考」。

但這不才是最重要的嗎？每一個人都是不自覺地或按照某種自創的方法思考，

而似乎只有具天分的人才能自然而然地學會如何思考。我的觀察心得是如此。

因此，就連我自己被問到下述問題時，也很難回答。

「怎麼樣才能深入思考？」

不過我覺得其中一個答案，應該就是**「用圖像思考」**吧。

爲何「圖像思考」能達到「深入思考」呢？

圖像能挾帶的資訊量不如文章。使用圖像，資訊量必然受限。因此，我們**只能將重點、邏輯畫進圖像裡，也就是只能畫出最根本核心的事物**。

換言之，眞正該理解的重點，歸根究柢只能用圖像表示。或者說，用圖像來呈現才是最快的捷徑。因此，學會刻意用圖像思考，能使我們思考得更深入。

夫妻爭執也能用圖像化解

「使用圖像思考的力量」是一種非常根本的能力，**不僅能使用在職場上，在各種日常情境中也能發揮作用**。比方說，夫妻爭執也可以用圖像化解。

假設有一對夫妻難得要出外用餐，卻爲了要吃什麼而起爭執。

夫：「難得出門吃飯，我想吃牛排。」

妻：「牛排？都是肉，太難消化了啦，還是吃日本料理好。」

這樣討論下去，兩人永遠走在平行線上，甚至有可能（已經）因爲這芝麻蒜皮的小事，演變成一發不可收拾的大吵大鬧。

然而，我們假設丈夫的心聲是「我想吃肉」，而不是非吃牛排不可；妻子的眞心話則是「想吃口味較清淡的食物」，而不是只想吃日本料理，那麼我們就能發現有兩條對立軸：「肉食——肉食以外（比方說魚）」「口味濃重——清淡爽口」。

這時，我們就可以試著畫成圖像！

將剛剛的兩條對立軸畫成橫軸和縱軸，就會出現四個明確的選項。於是，晚餐的答案就不再是在平行線兩端的牛排和日本料理，而是能在圖像右下方（肉×清淡爽口）中找到妥協的選項（圖1）。

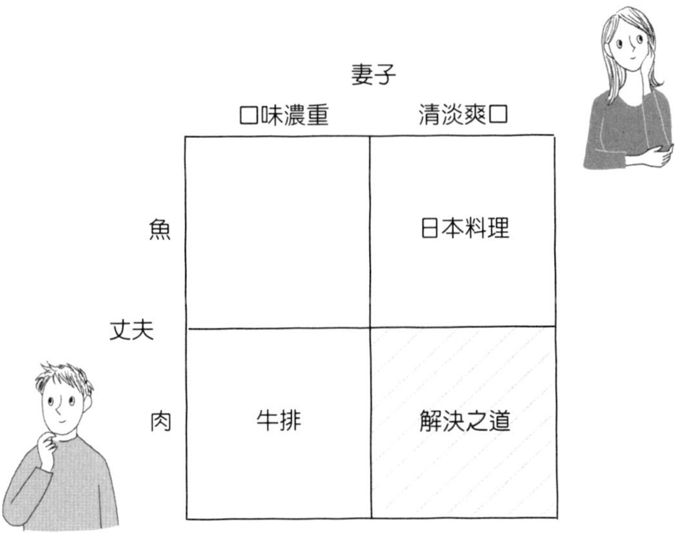

圖1　圖像能告訴我們兩人的妥協選項為何

比方說，同樣是吃肉，但可以選擇比較清爽的豬肉涮涮鍋。又說不定可以選一間附沙拉吧的西餐廳，丈夫幫妻子吃掉一半的肉，妻子則主要享用沙拉吧的食物。如此一來，就能化解夫妻爭執，同時又能享受外食樂趣。而且，搞不好那家西餐廳的菜單中，還有像豆腐漢堡排這種清爽又健康的餐點可以挑選。

這端看雙方如何鍥而不捨地共創雙贏的局面。善用「圖像思考」的力量，也不失為一項讓夫妻感情和諧的祕訣。

學歷高的人不等同於思考深入的人

本書所介紹的「圖像思考的力量」，不同於解答作業問題的能力或學校考試的解題能力。考試答題是針對被提出的題目，將既有的答案輸入大腦，記憶後再加以輸出（極端來說）。這與本書所談的「深入思考」，是兩碼子事。

本書所說的「思考」，是指在一張白紙上，透過自己的頭腦聯想，而逐步理解事物的過程。老師出題、學生解題時，通往答案之路早已存在，學生被考驗的是知不知道那條道路，這當然與本書所談的「思考」截然不同。

因爲起點是在一張白紙上，所以我們同時也需要思考自己該想什麼。這種思考的過程既包含了設定問題，也就是**思考「眞正的問題是什麼」，也包括了針對沒有百分之百正確答案的問題，找出答案的過程**。這種能力是學校考試很難鍛鍊出來的。

所以是否具有高學歷與會不會「思考深入」，兩者不見得有正相關。

2 今後社會愈來愈需要的抽象化思考能力

比英語、電腦程式、MBA更需要先學會的核心技能

現代已與我出社會時不同，是一個資訊爆炸的時代。任何人都能輕鬆看到介紹各式各樣管理學相關理論與事例的書。正因處於這樣的時代，我們更不能只擁有表面的技能，而是必須具備眞正的「思考能力」，而其中一個手段就是「圖像思考」。這種**「圖像思考的能力」就像是思考的作業系統**（圖2）。

相較於英語、電腦程式、MBA所學的知識，這是一項應該更早學會的能力。因爲思考的作業系統愈穩固，在學習英語、電腦程式或讀MBA時，都更能提高效率與效果，讓學習更加深入。再者，因爲這是思考的作業系統，所

以通用性極高，很可能成爲我們眞正的核心技能。這麼棒的技術怎能不嘗試？

AI時代愈來愈需要解讀結構與關係的能力

AI時代來臨後，「圖像思考的能力」一定也會變得更重要。

AI擅長將既有的事物進行排列組合，也就是擅於列舉。但從零開始思考，可就不是AI的強項了。如果對AI說：「在一張白紙上，邊畫邊思考你該思考什麼，以

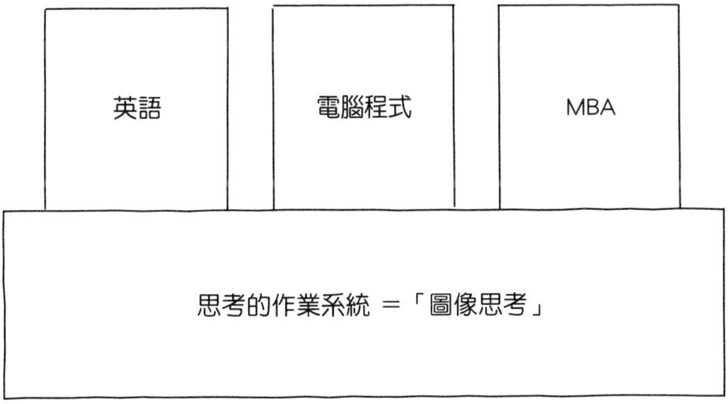

圖2　「圖像思考的力量」是基礎的核心技能

及找到答案。」ＡＩ恐怕什麼也畫不出來吧。然而，這件事人類卻做得到。

圖像思考與**「啓發法」**（Heuristic）有關，這是人類大腦特有的使用方式，也是ＡＩ所缺乏的能力。啓發法是指，大腦從過去的經驗與學過的事物中，瞬間提取出最接近正確答案的能力。舉例來說，就是在畫圖的過程中，突然靈光乍現，產生了新發現或靈感。

畫圖也是一種「將現實抽象化」的行爲（因爲不能將一切都畫出來）。

使用圖像，將事物抽象化，再利用被抽象化的圖像，解讀結構與關係，藉此得到解決問題的靈感。這種思考方式只有人類才辦得到，而且在日常生活中，乃至改變世界的創新發明，都會用到這種思考方法。

利用始於「圖像」的發想，在ＡＩ時代生存下去

前面我提到的畫圖，就是抽象化的一種行爲。

這種行爲也可說是**從現象中抽取出骨幹，捕捉現象背後的結構**。

我用前面的例子來說明，存在於「牛排或魚料理」（What）、「選牛排店，還是選日本料理餐廳」（How）這兩個問題的深處都存在著「Why」；也就是爲什麼？而我們所做的，就是找出根本問題，從而推導出答案。因此邊畫圖邊思考，能讓我們的思考更深入。

不僅如此，人類還能用五感感受現實，也懂得使用語言。

換言之，我們總能觸及現實（第一手資訊），也可以帶著批判性的觀點來看這些圖像，避免淪爲紙上談兵；也可以在圖像中寫入文字（像關鍵詞），讓思考變得更加清晰明確。也就是說，以「圖像」爲起點，在「圖像」「現實」「語言」之間來回穿梭，反覆在紙上嘗試錯誤。這麼做一定能大大提升「思考能力」。

這種思考過程非AI所擅長，因此「圖像思考能力」在未來很可能成爲「身而爲人必備的能力」。在「知識」上，我們贏不了AI，所以我們只能靠「智慧」來打敗AI。在迎接AI時代的此刻，鍛鍊自身的「圖像思考的能力」，可說是上上之策。

3 任何人都能學會，無須擅長繪畫

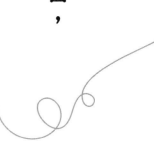

只要畫出草圖即可！

好消息是，要訓練這種「圖像思考的能力」絕非難事。因爲只需要一張紙和一枝筆，就能進行圖像思考。任何人想做都能立刻開始。不須昂貴的學費，完全不必花錢。

也不需要對繪畫很在行，因爲只要能大略地畫出「草圖」即可。甚至不擅繪畫的人可能會做得更好，因爲在畫草圖時，不用畫出多餘的細節。

必要的工具：一張紙和一枝筆

「圖像思考」的事前準備，眞的只需一張紙和一枝筆，其他什麼都不用。

不過，若對紙、筆稍加講究的話，紙張最好選用有細密格線的方格紙，因爲這樣手邊即使沒有尺，也能畫出筆直的直線和橫線。筆則是除了一枝黑筆之外，最好同時準備一枝紅筆或藍筆。如此一來，遇到想強調的地方或理論有出入之處，就能用不同顏色來表示，即使匆匆一瞥也能一目了然。另外，圖像思考時，我們會反覆地寫上、塗掉、寫上、塗掉，因此備有立可白（修正帶）的話，較爲方便（使用鉛筆的話就換成橡皮擦）。

如果有**白板**，也可使用。白板面積大，清晰明瞭，又能輕易地寫上和擦掉，十分便利。此外，若我們在白板前，像動物園裡的熊一樣，一邊思考一邊來回踱步的話，不僅能活化思考效果，也能讓我們靈感持續湧現。

不能用 PowerPoint 的原因

基本上，只要有紙和筆就能進行圖像思考，所以有人可能會提問：「既然如此，那是否也能用 PowerPoint 來思考？」但我必須奉勸各位，還是用紙和筆比較適合。

事實上，**PowerPoint 中潛藏著阻礙順暢思考的要素**。

無論本人是否意識到，但當我們在用 PowerPoint 時，都會聚焦在完成簡報這項「作業」的重點上，因此會變成爲了製作 PowerPoint 的 PowerPoint 作業。又或者，我們會被已完成的投影片所局限，而無法進一步思考，許多人因此放棄繼續思考下去。

繪畫原本就是一種用手來思考的行爲，也是展開自我的對話，而且，這是一種藉此深入思考、整理思緒的過程。因此，我們不能讓自己的意識離開眼前的那張紙，所使用的工具也必須方便我們在圖像與思考之間瞬間切換。

然而，當我們使用 PowerPoint 時，必須在介面上的各種指令鍵與圖像之間來來去去，思考因此會重複被打斷而變得七零八落。當我們猶豫該選擇哪種圖形或字形時，思考容易因此中斷。不知不覺中，我們就變成只專注於製作簡報……

結果造成「製作 PowerPoint」凌駕於「思考」之上，這樣反而本末倒置。

「做或不做」決定一切

最後一項決定性的要素是「做或不做」。很少人平時就懂得運用圖像思考，所以一旦開始就會有所不同。而且根據我的觀察，能幹的人往往懂得運用圖像思考。

圖像思考的能力，並非硬背就能輸入的知識，而是熟能生巧的技術。一旦學會，就不會忘記這項技能。就像我們騎腳踏車一樣，只要學會一次就能畢生不忘，一旦學會這項技能，它就會成為我們一輩子都能使用的能力。

COLUMN

人類因「圖像」而進步～文字的發明／法國肖維岩洞的壁畫

人類在進化過程中獲得了一種能力，那就是將看過、經驗過的事物儲藏在大腦中，再利用想像力創造出現實中不存在的東西。

人類憑藉著這種能力得到長足的進展。宗教、貨幣或維持社群的規範，都來自於人類的這種能力。我們稱之為「認知革命」。這是發生在農業革命、科學革命之前的第一次革命。

在這項革命中，「文字」扮演著舉足輕重的角色。而最早的文字也是將所見的事物描繪成抽象的圖案。象形文字正是將大自然抽象化描繪而成的圖形。人類最古老的文字是美索不達米亞文明的楔形文字，它也是蘇美人將原本所使用的圖畫文字簡化而成的。文字最早是一種繪畫，也是圖像之一。

往前追溯就會發現最古老的圖畫，是三萬兩千年前人類在法國肖維岩洞中留下的壁畫。人類用「圖像」來表現從大自然中擷取出的元素，進而提高了理解自然的力量，也增強了認知與溝通能力。

人類利用圖像來理解自然與社會的成因和關聯性，並加以認知與想像，從而加速了人類的進化。圖像思考說不定正是人類能力的基礎。

最近大家在社群網站的溝通，逐漸變成使用能表達情緒或狀況的表情符號，而不再只是文字。這會不會代表著人類即將邁入另一次的進化……（笑）

PART 1

基礎篇

PART 1是基礎篇，我整理了「使用圖像能加深思考」的原因，並介紹了圖像思考會使用到的最基礎圖形——概念圖（草圖）——的畫法。

我在這個部分，會向各位讀者說明「何謂圖像」及「爲何我們應該畫圖」，當大家充分理解後，就能進入接下來的實踐篇了。

另外，這裡也會介紹概念圖的畫法。基本上，畫圖沒有任何規則限制，但若能掌握幾個重點，你的繪圖就會變得更有效果。

在PART 1裡還爲各位準備了一道演練題。各位不妨當成複習1、2章的內容，以及分析實際個案來挑戰。

第 1 章

為何使用圖像就能加深思考？

我將在本章中解釋「為何畫圖能使我們的大腦靈活」。簡言之，抽象化的圖像會變成「全局圖」，這樣就能在紙上「看到」它們的「關係」和「結構」，順暢地與自己對話。

1 何謂圖像？

適合用來思考的「二維平面」

圖像是什麼？

本書對圖像最簡單的定義可說是——**「畫在一張紙（比方說Ａ４紙）上，利用線條、圓圈、四角形等圖形，以及語言來表達的意象」**。這裡提到的語言，不是一長串的文字，而是指關鍵字或短標題（不需要閱讀，一看到就能馬上進入大腦的文字）。比方說，序章的圖１就是典型的例子。

畫在此張紙上的圖像，將會是我們思考的整體樣貌。這些圖像是我們從現實中抽象化、提取出的重要本質，也可以在大腦（尤其是右腦）中任意操弄的意象。

爲何是可以任意操弄的意象呢？這是因爲紙張是「二維」的。

我們所接收的資訊，大多來自二維畫面，再經由大腦處理。電視、雜誌、行事曆、手機、招牌、廣告紙……等等，全都是二維畫面。各位讀者在思考時，腦中描繪的恐怕也是平面的畫面吧？能自由自在使用三維來思考的人，應該是少之又少（即使認爲自己是用三維思考的人，應該也幾乎都是將三維投影成二維的方式來思考的吧？）。

容我稍微離題一下，過去我曾在書上看到下述的實驗（但已經忘了是哪本書，也沒有確認其眞僞）。

據說，讓猴子觀看黑白色的棋盤圖案後，立刻對猴子的大腦進行分析，猴子的腦中就會出現棋盤圖案（應該是一種電子訊號）。另一項實驗則是將剛出生的幼貓養在只有直向線條的房間中，這隻貓就會變得無法識別橫向的線條。原因或許是牠無法獲得平面的概念。說不定以人類爲首的動物大腦，本來就習慣二維的運作方式。一維太狹窄，三維又太複雜，所以用二維思考恰到好處。

使用的圖像種類（概念圖、結構圖、分析圖）

那麼，圖像思考所使用的圖分成哪些類型？又該如何分類呢？

我認爲圖像大致可分爲三種（圖 3）。

第一種是「**概念圖**」，或許可說是最簡單的草圖。這種圖就是在一張紙上，利用圓形、四角形、線條等圖形，想到什麼就畫什麼，甚至可稱爲塗鴉。當我們沒有頭緒時，一邊試錯一邊隨意描繪，就能得到新發想或找出問題的結構，這樣畫出來的圖就稱爲概念圖。

第二種是「**結構圖**」，這是運用 PART 2 實踐篇中會介紹的「模型」所繪製出的圖。當我們覺得已經隱約能見到思考的切入點時，使用適合的「模型」就能讓思考變得有效又迅速。比方說，那張避免夫妻爲外食吵架所使用的圖，就是一種名爲「田字圖」的「模型」。「模型」適合用來釐清問題的全貌。如

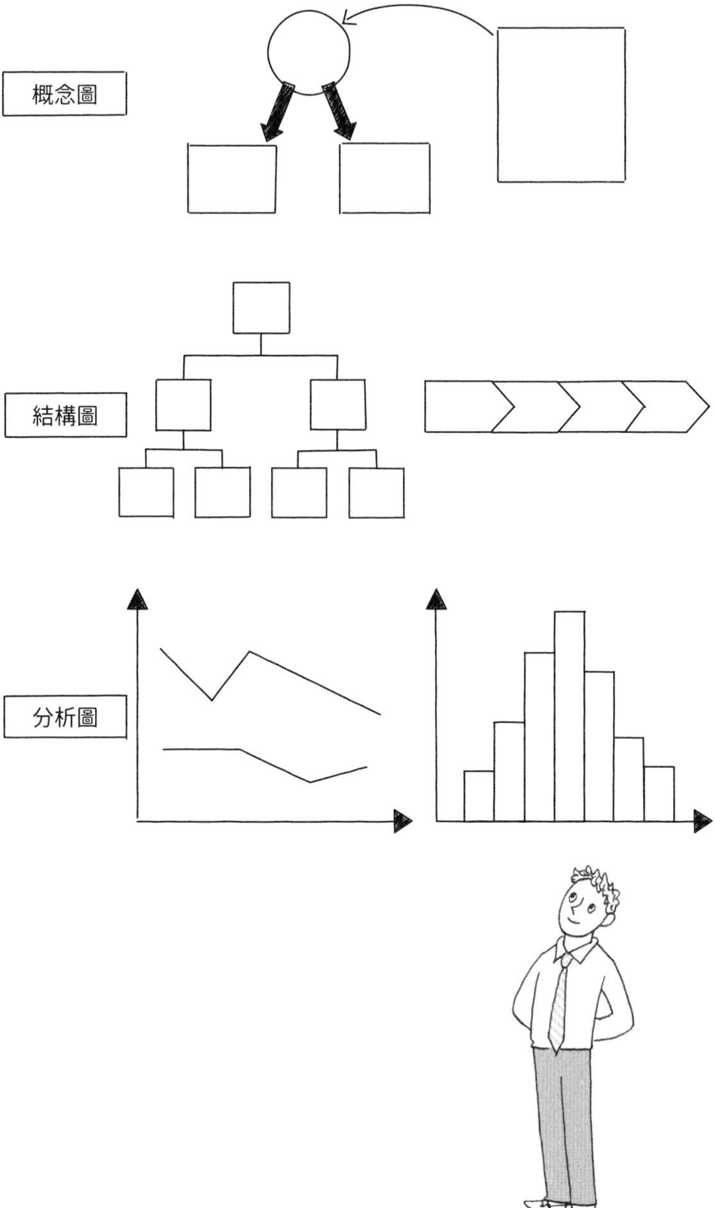

圖 3　三種圖

果說概念圖是自由發揮的技法，那麼結構圖就是指定動作的演出。

本書主要介紹的就是以上這兩種圖。在基礎篇會介紹「概念圖」，實踐篇中則是講解「結構圖」。

第三種是**「分析圖」**。這種圖是爲了把事態解釋**清晰**，而將分析對象**分類**的圖（所以稱爲分析）。但本書中不會介紹分析圖，因爲此處主要的著眼點是，先掌握全局圖，再進一步揪出重點、本質、結構及理論。

想要得到分析圖，只要在 Excel 表中「輸入」數字，Excel 就會自動幫我們繪製出來，所以這已不是「思考」了，而是以數字爲中心，單純將數字「可視化」。這種工作今後只要交給 AI 處理即可。因此，分析圖的部分，就交由分析手法主題的專門書籍來介紹。

不過，要涇渭分明地將「概念圖」「結構圖」「分析圖」加以分類，其實非常困難。有時，當我們想畫概念圖，反而會馬上想到「模型」；有時，當我們想用「結構圖」整理，反而會愈想愈多，而畫出圓圈、四角形等的概念圖來補充。不僅如此，有時分析圖也會爲我們顯示出全貌，進而發現本質。因此，這些分類方式當作參考即可。

2 刪除多餘的資訊就會展現「本質」

思考與資訊量的關係

那麼，爲什麼人類使用了這些圖像，就能加深思考呢？

首先，因爲**這麼做能讓我們不被資訊的洪流給淹沒**。

畢竟只靠一張紙，基本上又不使用文字，所以會大幅限縮資訊量。資訊過多會降低思考量，因爲大腦光是爲了整理資訊，就已忙到不可開交了。

而資訊中的知識就會變成「常理常識」，於是我們被框限其中而不可自拔，失去天馬行空的想像力。這種情況經常會發生（也就是所謂專家變成「訓練有素的狗」之意）。

剛開始時，每次多得到一些新資訊，的確會加深我們對問題的理解，因爲新資訊會提供新觀點，刺激思考。然而，過了某個時間點，資訊量與思考量就會開始呈現反比（圖4）。一張紙所能容納的資訊量，才是思考的最佳資訊量。

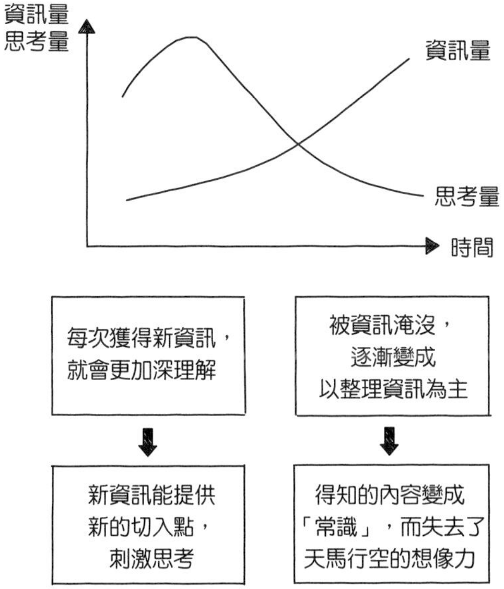

圖 4 思考與資訊量的關係

為何看地圖比看空照圖不易迷路？

因此，將事物畫成圖像後，就會讓我們逐漸看出眞正重要的事物。因爲修剪掉了細枝末節，就能浮現出眞正重要的關鍵了。

舉例來說，空照圖是一種既寫實又正確的圖像，但要從中讀取資訊，卻十分困難。這正是因爲資訊量過多的緣故。當你想前往某間店時，如果別人拿給你的是一張範圍涵蓋該商店的空照圖，你一定會覺得很困擾吧（笑）。光看空照圖不會知道前往店家該走什麼路徑。有了Google地圖或畫有地標的簡易地圖，才能帶我們順利抵達目的地。

理由顯而易見，因爲地圖或簡易地圖上，**只畫了重要資訊**，所以街道的結構一目了然，我們也才能順利抵達目的地店家。

如前所述，資訊並非愈多愈好。我們的首要要務反而是，只清楚地呈現出眞正重要的部分。

而「圖像」能爲我們清楚地呈現出重要的地方。

以圖像呈現文字能提煉重點

製作報告書、會議資料時，以圖像呈現文字，也能省去多餘的敘述，讓「重點」變得更明確。比方說，有一份報告書是這樣寫的：

「本公司的產品在設計上雖然不輸其他公司，但顧客對於設計的好壞，似乎沒那麼講究。然而品質和價格是重要的決定購買因素，相較於其他公司的三千日圓，本公司的價格則是……」

讀到這樣的文章是不是讓人愈讀愈煩躁呢？

讓我們將上述內容畫成圖像，看看結果會如何。此段文字中包含了三項要素：「顧客的評價項目」「本公司產品的特點」和「其他公司產品的特點」，因此我們就試著將橫軸設定爲顧客的評價項目，縱軸設定爲其重要度，以及各公司的評價（圖5）。課題因此變得一目了然，立刻就能掌握重點。問題就在價格和品質上。順帶一提，這個圖稱爲組合圖（combination chart），因爲狀似梳子所以又有梳狀圖（comb chart）之稱（使用Excel的話，立刻就能繪製出來，因此這也算是「分析圖」）。

像上述這樣以圖像呈現文字，就能剪去枝微末節，將重點清楚呈現出來。

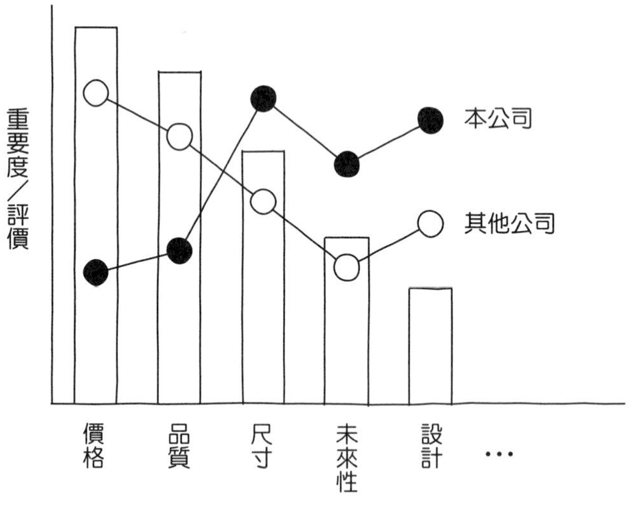

圖5　以圖像呈現，重點會變得更明確

3 讓思考「可視化」

思考和「可視化」的關係

畫圖也能讓思考「可視化」。

思考的「可視化」能爲我們釐清思考中模糊、矛盾之處及弱點。

在大多數的情況下，即使我們大腦覺得「我知道了」，自己的理論卻往往仍十分「薄弱」，當我們以圖像呈現出想法後，就會一清二楚地看出哪裡站不住腳。這時候，我們就會陷入討厭自己的狀態，想說：「咦？原來我的想法還這麼不周全……」我們的邏輯往往不像自己以爲的那麼全面（圖6）。

「可視化」的好處不僅於此。它還能藉此讓我們的思考留下紀錄。即使腦中的記憶消失，只要曾經畫成圖像，那麼到當時爲止、思考過的內容就不會消

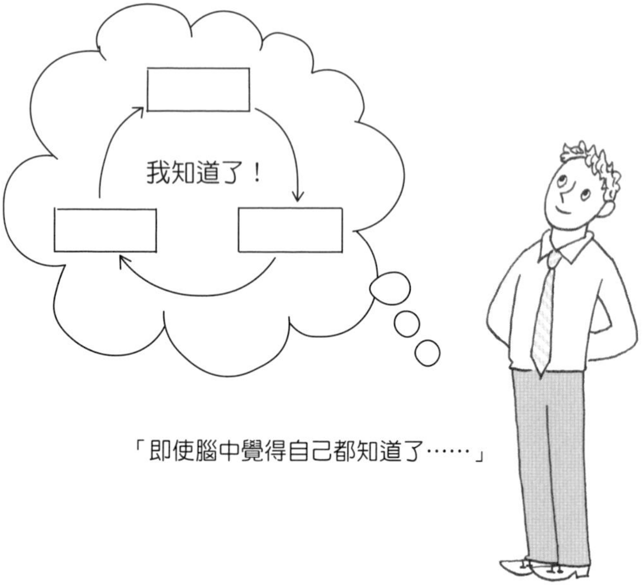

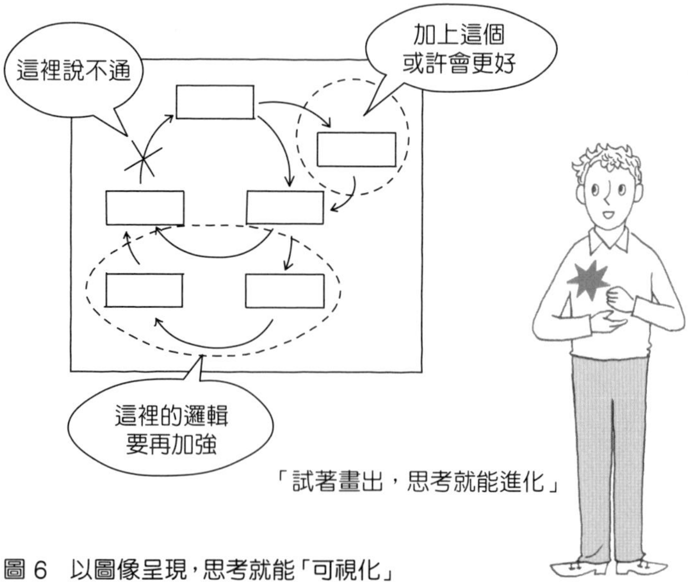

圖 6　以圖像呈現，思考就能「可視化」

失。這麼一來，隨時隨地都能拿出圖像，接著思考下去，讓思考能一磚一瓦向上堆疊、累積。

即使圖不在手邊，只要過去曾將重要的想法「可視化」，腦中就會留下清晰的意象，因此也能趁著「三上」——「馬上」（以現代來說，就是在車上或大眾運輸工具上）、「枕上」（睡覺時）及「廁上」（上廁所時）——的時刻繼續思考。

催熟、反芻、固化、進化思考。

自古以來，「三上」一直被認爲是靈光湧現的絕佳時刻，因此想出好點子的機會也會大大增加。

利用條列式，難以發現的關聯性也能「可視化」

圖像不僅能將思考「可視化」，**還能清楚呈現出事物的「關聯性」**，於是我們就能從中得到新啓發。

請看下面的年表。年表中標出了黑船事件發生之前的幾個重大事件（意指，一八五三年美國東印度艦隊司令馬修．培里將軍，率艦四艘軍艦駛入日本江戶灣，要求日本開國的事件。由於艦隊的船身上皆塗上了黑色的柏油，日本人當時從未見過這種船隻，而稱其為黑船）。我們現在要問的是，爲何培理將軍要率領艦隊來日本叩關？

一七八三年　美國獨立戰爭結束，美國獨立
一八〇〇年　英國工業革命
一八四二年　香港割讓給英國（鴉片戰爭、《南京條約》）
一八四八年　美國從西班牙手中獲得加州（成爲太平洋國家）
一八五三年　黑船事件

光是讀這些文字，恐怕也很難想出什麼所以然來，這時我們不妨把這些文字畫成「時間×國家」的圖，看看會如何（圖7）。

此時，我們便能清楚看見事情的全貌：大英帝國憑藉著工業革命，不斷擴大版圖，甚至將其觸手伸入中國；另一邊，美國成爲太平洋國家後，便將其接觸幅員遼闊之中國的策略，改繞過太平洋向前挺進，而非走大西洋。日本只是美國路途中行經的國家，其不過是被當成一個前哨站基地罷了。

像這樣透過圖像將事件「可視化」，就更容易了解其中的「關聯性」，進而發現重大啓示。這就是條列式所沒有的優點。

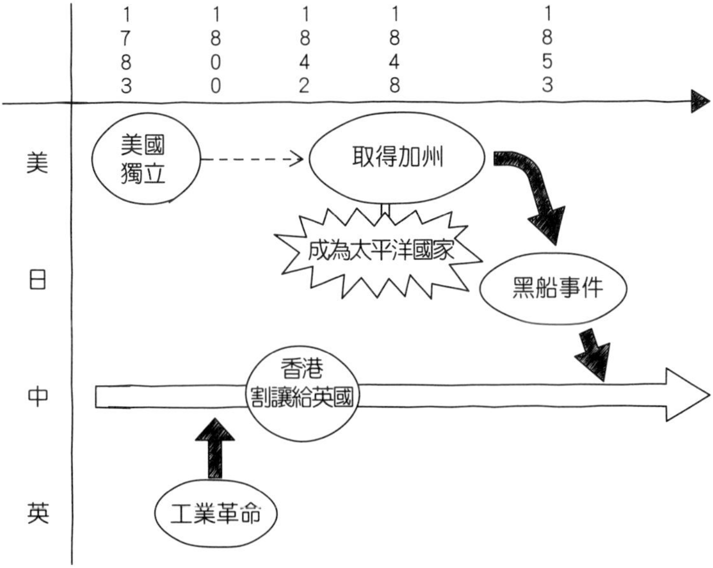

圖 7　以圖像呈現，更容易掌握關聯性

順帶一提，當時（一八五〇年前後）的各國人口數，如下：美國爲兩千三百五十萬人、英國爲兩千兩百三十萬人、日本爲三千兩百萬人，而中國竟高達四億一千萬人。

有三項重點！

關於如何條列，還有一點可以補充。

精明幹練的管理顧問（有點裝腔作勢的管顧？）常在關鍵之處，用以下的說法來震住場面：「關於此事，有三項重點！第一是……」

有時我會覺得，當這些管顧這麼說時，多半都不是用條列的方式在思考，而是在腦中描繪出了某種「圖像」吧。比方說，一名管顧說：「對貴公司而言，最重要的有以下三點。」接著舉出了下列三項重點：

・第一點，創造出〇〇般的顧客價值。

・第二點，因此要有效發揮出自家公司的××強項。

・第三點，並試著將其大力推銷給競爭者的目標客群——都市年輕顧客層。

這時，浮現在這名管顧腦中的其中一個圖像，應該是管理學著名的3C**理論模型**（圖8）。

但是以條列式的方式

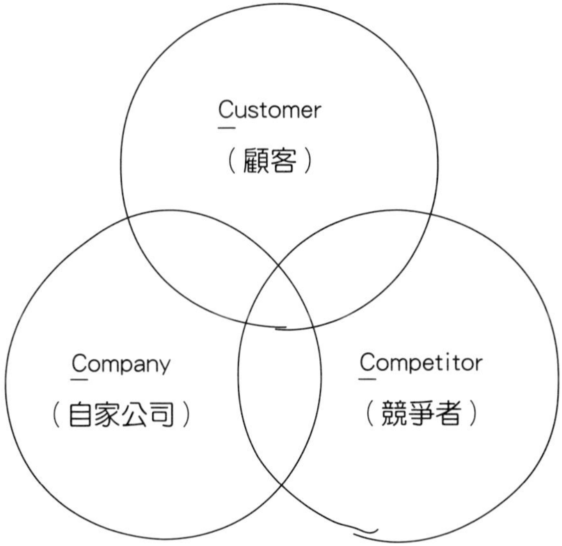

圖 8 3C 理論模型

說明，我們無法判斷是否已經囊括全部重要的元素。說不定另外還有兩個重點沒說到……

但一邊思考一邊用「圖像」來掌握住全局圖的話，既不會遺漏重點，還有可能在說到第二項時，透過圖像及時聯想到第三項的內容，進而提供了一個完整的判斷（圖 8 當然也是屬於概念圖）。

不過，也有一些管顧的思考不是那麼周詳，當他們說：「有三項重點！」仔細一聽會發現，第一項跟第三項根本就是在講同一件事……

所以，各位在聆聽時也要多加留意喔（笑）。

4 透過「全局圖」掌握全貌

思考與全局圖的關係

在一張紙上思考的另一項好處，就是能擁有「**鷹眼**」。

當我們在一張紙上畫出重點時，就自然而然地能提高視角，因爲能在那張紙上畫出整體樣貌而沒有遺漏，換言之，畫出的圖像就會是全局圖。

爲了好好思考，拓寬視野而大幅度地掌握當下思考影響所及的一切要素相當重要。如果視野太過狹隘，就有可能因爲受到視野外的某種因素影響，而陷入預料之外的困境。思考的基本態度是「**思考的範圍**」＝「**影響所及的範圍**」（圖 9）。

「全局圖」是根據受影響的範圍而定。當我們看到全局圖時，答案的精準

度就會提高，陷入困境的次數也會減少。

思考範圍不同，答案就會改變！

思考範圍的「大」與「小」，甚至會讓答案有一百八十度的不同。

比方說，大家對現在的工作應該有不滿吧。盡是被迫做一些多餘的工作，做起來也感受不到什麼價值。你覺得再這樣下

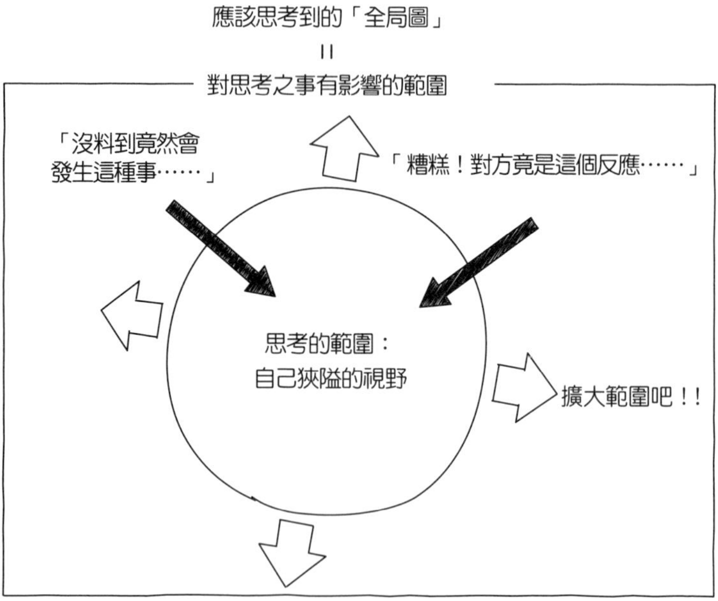
應該思考到的「全局圖」
＝
對思考之事有影響的範圍
「沒料到竟然會發生這種事……」
「糟糕！對方竟是這個反應……」
思考的範圍：
自己狹隘的視野
擴大範圍吧！！

圖 9　用圖像掌握全局

去只是浪費時間，而一直想著如何逃離這個狀態。

說不定是因爲你用「現在」「被迫做的工作」來看待這件事，如此得到的答案才是「別做了」。

然而，你若用「未來」「幫助成長的經驗」來看待它的話，答案就有可能變成「做下去」（但答案當然不見得都是如此……）（圖10）。

過去還在擔任管顧時，我經常對公司的新進員工說：「前三年請你無論接到任何工作，都要積極全力以赴。因爲這麼一來，三年後你所看到的景象就會截然不同。」

在剛起步的階段，我們還無法判斷哪些事情值得付出勞力，哪些不值得，這時如果光憑自己的好惡選擇工作，就無法累積應該累積的實力。如果用「他責」的態度，認爲「盡是無謂的工作」「那些都是周遭的問題」，就會把問題從自己身上推開，進而放棄了讓自己解決問題的權利。於是，自己也失去了成長的機會。

不以「現在」「工作」的觀點來看待，而是擴大視野，以「未來」「經驗」

的角度來掌握的話，答案就有可能一百八十度的翻轉，從「別做了」變成「做下去」。

如果設定問題時視野太狹窄，而搞錯了眞正該問的問題的話，就算想破頭也不可能得出正確答案。因爲答案會受到「設定問題時的範圍」（全局圖）所左右。

在各種事物都會發生交互影響的世界裡，我想**最好還是要擴大視野來思考比較好**（至少在開始的時間點必須如此）。

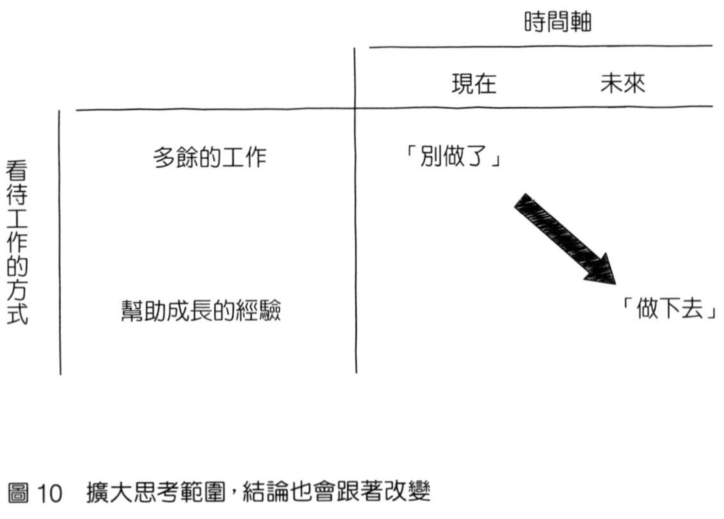

圖 10　擴大思考範圍，結論也會跟著改變

「商業模式圖」是商業鳥瞰圖

俯瞰全局圖當然也能在商業上提供助益。

我在研究所裡開設了一門「商業模型與創新」課。談論商業模型時，幾乎一定會提到亞歷山大．奧斯瓦爾德和伊夫．比紐赫的**「商業模式圖」**（Business Model Canvas）（圖 11）。此圖就是企業創造價值活動的整體樣貌，也就是全局圖。

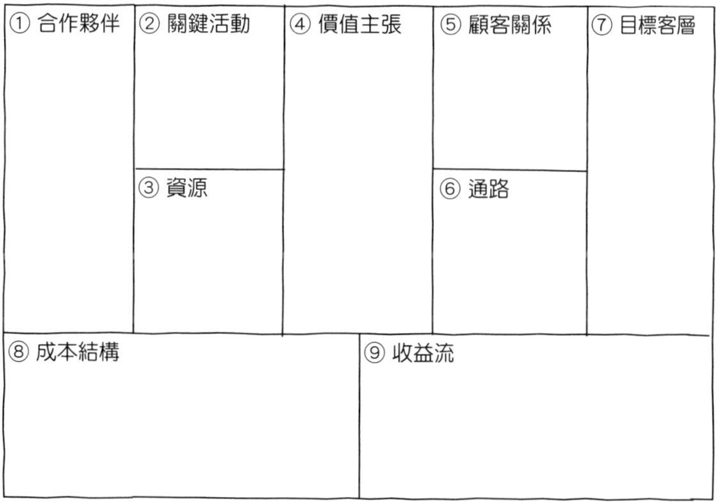

圖 11　商業模式圖

這張圖的正中央，是爲顧客提出「價值主張」。左側有一項是，創造這項價值所需的資源（有用的物質和能力）。右邊有一項是，提供價值對象，也就是顧客。下半部講的是「賺錢的機制」（獲利的方程式）。這張表幾乎簡潔地囊括了我們要創立一項新的商業活動時所需思考的內容。

因此，如果我們要在一張紙上，用這個表格思考一項新的商業活動，就不得不以鷹眼俯瞰全局。

商業模式圖可以防止我們因「狹隘的視野」而局限於眼前的事物，幫助我們尋找出更棒的想法。

豐田的A3報告書就是一種全局思考的體現

從這種觀點來看的話，豐田汽車公司的A3文化應該可說是培育「鷹眼」的文化。

豐田汽車公司要求員工，把背景到問題的設定、分析到解決之道和建言，全部簡單扼要地整理在一張Ａ３紙上。

雖然這不同於單純在一張紙上畫畫，而是需要擁有繪製各種圖像的綜合技能，但豐田的Ａ３報告書也是一種全局思考，是將精華濃縮在一張紙上。製作這樣的Ａ３報告書，一定能培養「鷹眼」，訓練出「圖像思考」的能力。

5「嶄新構想」從圖像而生

熊彼得的「新排列組合」

圖像也能幫助我們獲得新發想。

著名的經濟學家約瑟夫．熊彼得曾經指出：創新其實來自於「新的排列組合」，也就是以全新的方式，重新組合已經存在的事物。

由兩種要素組合而成的產物，確實多不勝數。例如，洗髮精（洗淨）×潤髮乳（修復、保養）變成二合一的洗潤髮乳；照相機（本體）×底片（消耗品）形成立可拍；印刷功能零件×墨水（消耗品）成為墨水匣；機器人（機械）×穿著（功能）變成動力服（Powered suit）；飛機×直升機變成傾轉旋翼機（Tilt-rotor）……至於智慧型手機，則不知是由多少要素組合而成的。

我有時會和大學專題討論課的學生，討論新事業或新產品的開發，這時候我們也會利用不同事物的組合，找尋各式各樣的靈感（包括已經存在的事物或正在發展的事物），例如：

- 兼具日式設計與除臭等高功能的傳統工藝之高級襪子（設計×功能性）（圖12）
- 能在海上運送途中，就用3D列印機進行製作工程的工廠船（運送×製造）（圖13）
- 將攝影機拍下的屋外景象，投影在屋內的整片牆上，而使牆壁消失的房屋（攝影×投影）
- 愈搭乘愈健康的車子（移動×診斷和治療）

換言之，想要得到新創意時，就可以在紙上畫出矩陣圖，在橫軸和縱軸填入細項，然後注視著項目交會的格子，思考：「是否能產生什麼新發明？」

附加價值 / 日常用品	設計	功能性	安全性 …
襪子	具除臭功能的傳統工藝襪子		
帽子		有生髮功能的帽子	晚上在馬路上會發亮、附LED燈的帽子
衣服		具除臭功能的傳統工藝襪子	

圖 12　透過組合，思考新創意 ①

企業的價值鏈（副） / 企業的價值鏈（主）	研究開發	製造	運送	販賣
研究開發	×			透過用戶創新所進行的產品開發
製造		×	利用3D列印製造的工廠船	
運送		隨時都能運送的移動式工廠	×	
販賣		接單生產（大量客製化）		×

圖 13　透過組合，思考新創意 ②

當創意思考陷入瓶頸時，不妨使用圖像（矩陣圖）來構思看看。

沒有圖像則難以思考出新的排列組合

事實上，「不使用圖像」來思考相當困難。

使用圖像的話，只要將兩種不同要素放入橫軸和縱軸後，就能直接看著紙張思考，也能一目了然哪裡有空白的格子。反之，如果寫成條列式，就會變成一大工程。如果橫軸和縱軸各有五項要素，就得要寫 5 × 5 ＝ 25 條，而且也搞不清楚該看哪裡、怎麼看、怎麼思考。

假設要再搭配三個以上的切入點來思考，這時將所有的要素分散畫在紙上來觀察，也比寫成條列式好得多。比方說，有五個切入點，以及各有五項要素，要寫成條列式的話，就得寫 5 × 5 × 5 ＝ 125 條……與其如此，還不如以圖 14 的方式，將所有要素分散畫出，當成一幅概念圖凝神細看，並一邊思考一邊直覺想像各種排列組合，更容易浮現靈感。

圖像能夠更清楚、更直覺地呈現出光靠文字條列所無法呈現的內容。因此能幫助我們加深對本質的理解，得到新的創意發想。

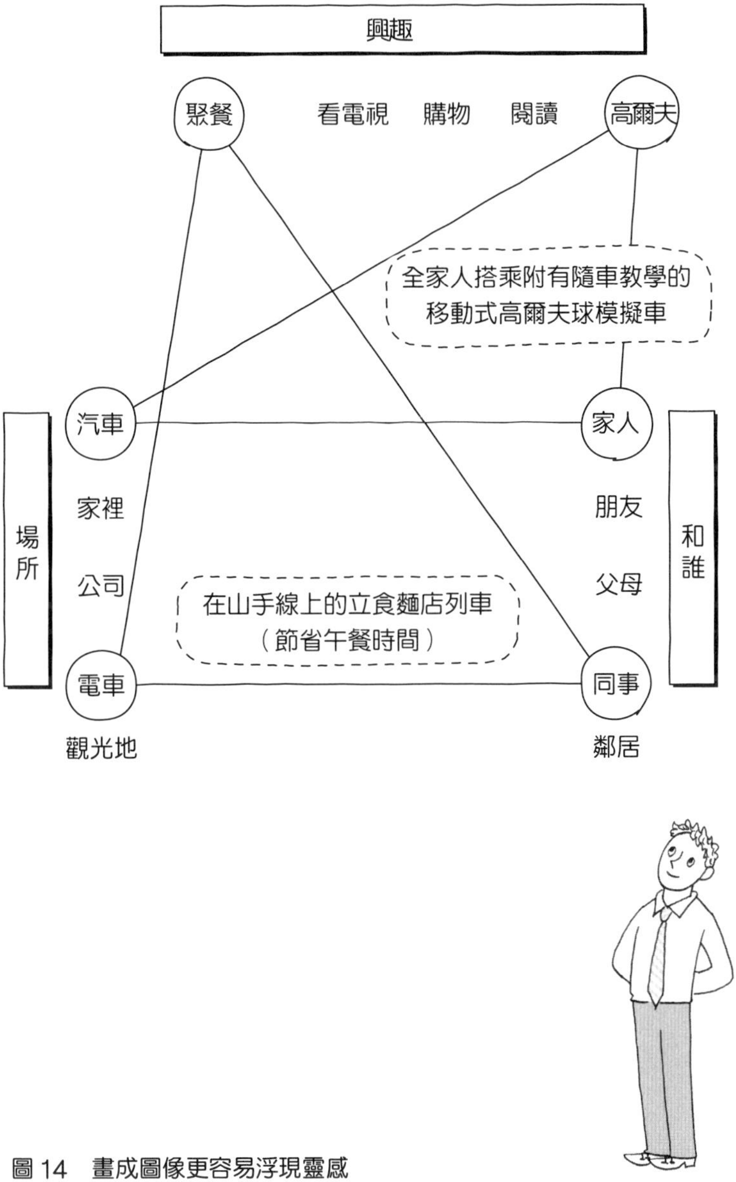

圖 14　畫成圖像更容易浮現靈感

COLUMN

Simple Is Best

刪減資訊的細枝末節，將重要的部分、概念、結構、關聯性「可視化」，如此一來就能理解得更深入，思考得更清楚明白。空照圖與地圖就是很好的例子。當有過度不需要的資訊時，我們反而看不見重要的部分，變成「可視過度化」「不可視化」。

商業上也是如此。要像坐在飛機駕駛艙般，清楚看見對經營管理而言重要的資訊，其餘不重要的則加以省略。這件事非常重要。

將每項事業的營收利潤、成本結構、顧客與市場資訊，又或是競爭者資訊等等，整理成一目了然的簡潔資料，這就叫做管理駕駛艙（Management Cockpit），或者管理儀表板（Management Dashboard）。

如今這些資料絕大部分都是被做成PowerPoint，但未來說不定會以擴增實境（AR）的形態出現，圖像、線條或文字會直接出現在我們的視野中，就如同好萊塢電影《絕命終結者》或《鋼鐵人》一般。

一到工廠或辦公室，我們眼前必要的經營管理資料就會浮現在空中。前去拜訪顧客時，就變成顧客資訊浮現在眼前。

這樣的未來或許已經近在咫尺。這個世界究竟會進化到什麼程度……？

不過，只要人類大腦的機制和運作方式不變，那些圖像就必須是符合直覺而又一目了然的。

歸根究柢，Simple Is Best，簡單至上。

第 2 章

邊畫「概念圖」邊思考

從本章起，我將向各位介紹圖像的實際繪製方式。之後也會說明幾個「有用的模型」，這些都是十分方便好用的圖像樣板，推薦大家可以熟記起來。但本章會先說明可自由繪製的「概念圖」。雖說是自由繪製，但還是有幾個必須掌握的訣竅。

1 概念圖是「使用圖像思考」的基礎

概念圖是基礎，卻非基本

那麼，我們現在就要開始繪製圖像了。首先要挑戰的是「概念圖」。圖像是指「畫在一張紙（比方說A4紙）上，利用線條、圓圈、四角形等圖形，以及文字來表達的意象」。概念圖則是其中最「基礎」的圖像。

這裡用「基礎」二字，而非「基本」二字來形容，是有原因的。「基本」給人簡單、初學的印象。相對地，「基礎」則具有「事物得以成立的基底」「支撐所有重量的底盤」之意，其指的是事物的根本。換言之，基礎不一定就簡單（其實還挺傷腦筋的）。

不過，等基礎穩固後，再使用接下來介紹的「模型」將會更得心應手。反之，反覆使用「模型」，也能幫助我們逐步建立基礎（雞生蛋，蛋生雞）。因此，雖然畫概念圖不簡單，但還是讓我們一起來挑戰吧！

「關東煮圖」中潛藏的力量

概念圖俗稱「草圖」，正是那些腦筋好的人會畫在白板上的那種圖。這是能幫助我們整理、討論內容，看穿本質，讓頭腦變清晰的圖。

我最早認識「草圖」的時候，還只是個初出茅廬的管顧。當時有一個資深的管理顧問，擅長於在白板上畫圖推動會議。當時他所畫的就是「草圖」。大家把他畫的草圖叫做「關東煮圖」。因爲他畫出來的形狀就像關東煮（圖15）。□是現狀，○是目標，△是過程（實際上幾乎只有用□或○，鮮少使用到△）。大家各自敘述自己的想法，資深管顧就把大家的意見，一一寫進「關東煮圖」中。

於是，大家的論點就會莫名地一拍即合，通通都能順利地整理進「關東煮圖」中。然後在不知不覺中，大家就看到了解決問題的方向……感覺就是這麼不可思議。

爲什麼大家的論點會如此一拍即合呢？這是因爲**「關東煮圖」其實就是從現狀開始，一步一步地往應有樣貌前進的「全局圖」**。因爲畫出的是全貌，所以無論什麼樣的論

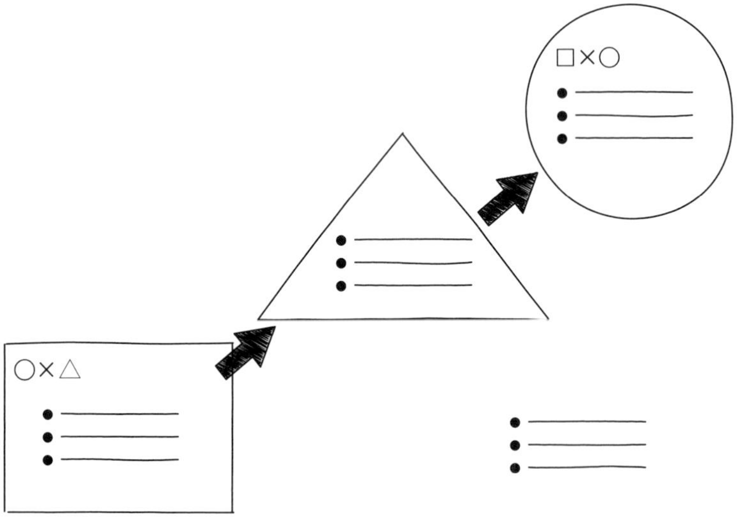

圖 15　「關東煮」的概念圖 ①

點，都能吸納進去。相互之間的關聯性也能一目了然。順帶一提，橫軸是時間，縱軸是事物的層級感（圖16）。因爲新手管顧容易見樹不見林，受限於各家論點及細節中，看不見整體，而正因「關東煮圖」是全局圖，所以才能發揮莫大的功用。接下來，我就先幫大家整理出畫概念圖時該注意的重點。重點只有五項，十分簡要。

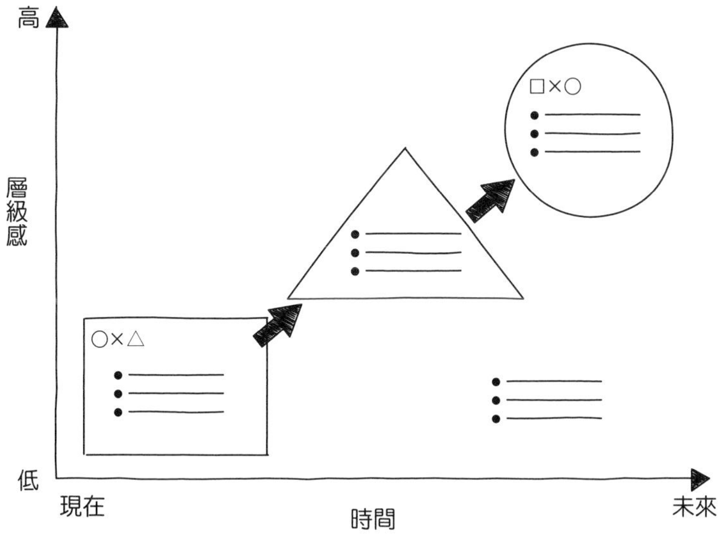

圖16　「關東煮」的概念圖②

2 概念圖的基本條件①：不使用複雜的圖像

通常只要有四角形和圓形就能搞定

首先，關於繪製圖像時會用到的基本圖形，其實四角形和圓形就夠了。

繪製系統流程圖（System Flowchart）時，資料放在四角形內，資料庫以圓柱形呈現，決策則是以菱形表示……等等，有許多詳細的區分。

但「圖像思考」則沒必要用到那麼多分類。

首先，邊畫圖還要邊思考哪個分類要用何種形狀來表示的話，就太過麻煩了。如果把注意力放在這種事上，只會讓思考中斷。所以只要使用四角形和圓形即可。再者，四角形和圓形都是容易畫的形狀。

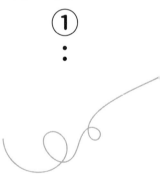

那麼，何時該使用四角形，什麼時候又該運用圓形呢？其實我自己並沒有嚴格地區分。就看當下心情，想畫四角形就畫四角形，想畫圓形就畫圓形。

但總體而言，**我會在四角形內，寫入事實等明白確切的事情；圓形則傾向呈現概念或關鍵詞**（圖17）。

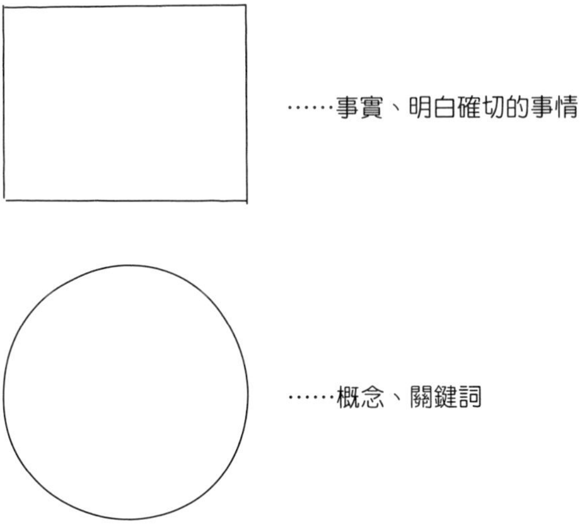

圖 17　四角形和圓形

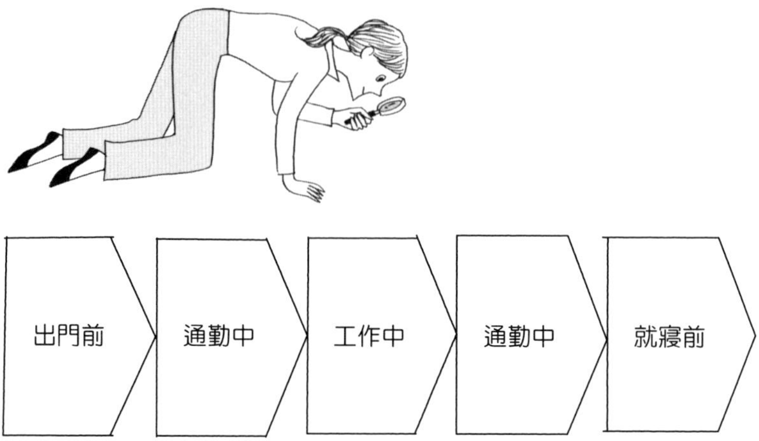

圖 18　箭形圖 ①

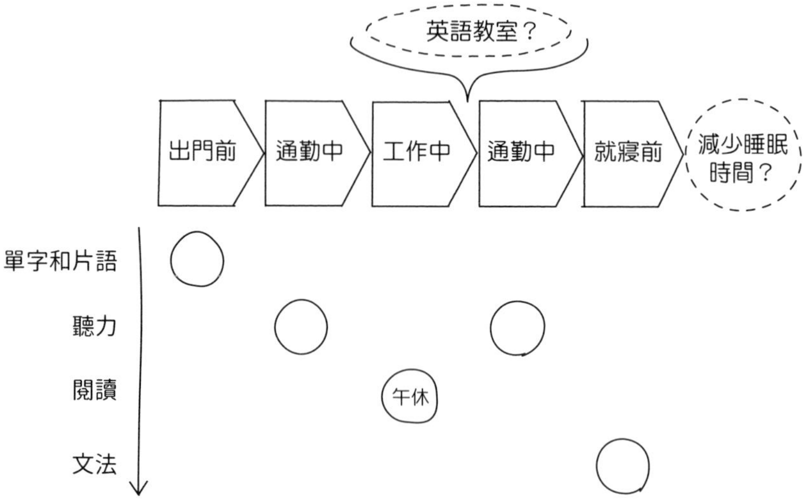

圖 19　箭形圖 ②

清楚顯示流程的「箭形圖」

除此之外，還有一個重要的圖形，那就是「箭形圖」。畫出三至五個並列的箭形格，就能一目了然地掌握大致的流程。因此，**箭形圖就是在建構流程上「有意義的格子」**。

比方說，你希望在百忙之中，想辦法擠出時間來學英文。這時就可以將早上起床到晚上就寢前的所有活動，畫成箭形圖（圖18）。

這麼一來，就可以此爲基礎，思考該從哪裡擠出時間，該如何配合情況進行不同的學習等等。接著，將單字和片語、聽力、閱讀、文法等必要的項目縱向排列。當你再重新凝神細看圖像一次，或許就能清楚地擬定出如圖19的行動計畫了。

3　概念圖的基本條件②：文字盡量少、盡量短

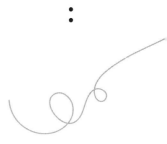

想運用圖像理解就得刪減文章

其次，文字不能多。

必須竭盡全力避免使用文字呈現。若要用文字表示，最好能用標題式的精簡短句。

因爲「圖像思考」是試圖將包括文字的整體圖像，當成一個意象來理解。要盡可能符合「右腦式」的理解方式。因此，要讓透過文字閱讀來理解的思考程序，降至最低。

順帶一提，我上次難得去ＩＫＥＡ買了一張沙發床，卻發現了一件令我

十分驚訝的事。沙發床的組裝說明書上，竟然沒有任何一個文字……全都是用圖像精準地說明。讓我不得不佩服，圖像眞的是世界共通的思考模式。

積極運用關鍵詞

不過，語言是極其有效率的「記號」，這也是不爭的事實。語言有語言的力量，尤其當我們發現了一個挖掘出本質的關鍵詞時，它就會產生強大的威力。其既能讓想法變得清晰具體，又能使溝通順暢。因此，使用關鍵詞時，要盡量反覆推敲出一個最適合的詞語。

比方說，在經營管理上，「現場力」和「可視化」這兩個關鍵詞曾流行一時，兩者皆誕生自豐田汽車的管理現場。前者是「現場」加上「力」字，讓大家明確意識到蘊藏在工作現場的內在能力。後者則是「可視」加上「化」字，讓大家把目光焦點放在，將事物從看不見轉化至看得見的過程上。我認爲這正是關鍵詞所帶來的威力。

4 概念圖的基本條件③：使用「線條」來理解相關性

線條的三種功用

第三項是運用「線條」。

線條的功用包括**「連接」「圈起」和「切分」**（圖20）。在本質上「切分」和「圈起」是相同的，都是將寫下的東西加以分類，使其成爲具有意義的群組。透過向上歸類，將抽象度提高一層，原本只看得到樹木、看不見森林，就會在此時顯現出森林的樣貌與特徵。

此外，「連接」則是將重要的關聯性可視化。透過用線相連，能讓相關性或因果性變得更加明確。

換言之，使用線條能爲我們釐清結構及因果關係。

粗字與箭頭的功用

我會用**「粗線條」來表現關聯性的強度**。繪製圖像時，當我覺得「這裡的關聯性很重要」時，就會拿筆來回畫個好幾遍，加粗線條。當手來回移動時，就能逐漸在腦中加深此關聯性很重要的印象。

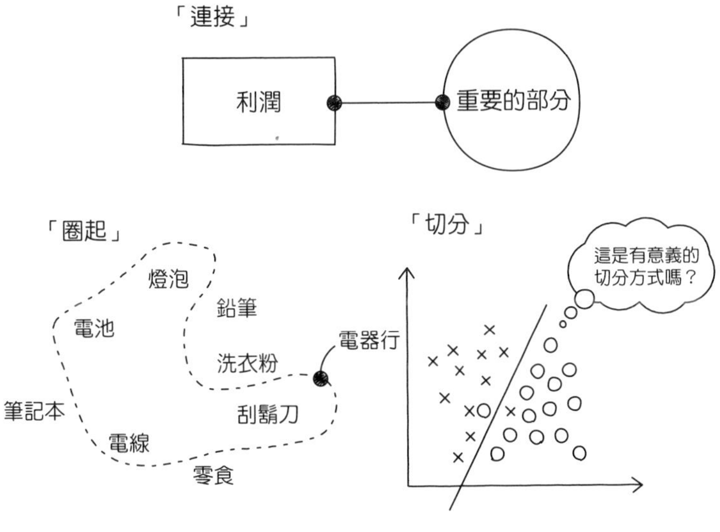

圖 20 線條的功用：「連接」「圈起」「切分」

有時還能幫助自己產生下一個想法。

另外，有一種線條的變化版本就是**「箭頭線」**。

若它們具有「因果」或「時間流動」的關係，而非僅是單純的相互關係，那就可以使用「箭頭線」。畫出箭頭線，也能爲我們呈現出理論的演變或故事的走向。

5 概念圖的基本條件④：強調重要之處

為思考分出輕重緩急

第四項是「強調」。

前述加粗線條的做法也是一種強調方式，強調重要的部分，能爲我們的想法分出輕重緩急。

這時，使用紅筆或藍筆，就是很有效的強調方式。既不需要一堆顏色，也不必事先對什麼顏色代表什麼意義，做出明確的設定。

不過，在同一張紙上，最好使用同一個顏色來表現相同的目的，才能幫助理解。比方說，重要部分用紅色，還沒想清楚的地方就用藍色等等。

三種強調方式

我經常使用的強調方式有三種。

第一種是將看起來重要的內容，**用粗線條圈起來**，使其看起來更醒目。

第二種是**打上☆符號**。當你感到自己所想的事，大致都已經在紙上畫出來了，就可以在自己覺得重要的地方加上☆符號。有時還可依重要程度，增減☆的數量。

第三種是以①②③……代替☆號，同時**根據順序標示數字**，留意講話的先後順序時，這種方式也十分好用。

我自己在進行圖像思考時，會不知不覺地同時使用以上這些方法，所以圖像有時會變得像圖21一樣有點眼花撩亂。但畫過的圖像，基本上我不太會再重畫。因爲那張紙上的「畫面」已經和我的思考相互重疊，一起收藏進我的腦中。

平日生活中，我也經常會發呆想事情，這時我的做法就是，把收藏在腦中的圖像畫面當作思考的基底，讓我的想法在這個基底下繼續發展，變得更加成熟。泡澡或上廁所時，我也會以這樣的方式思考著「那張紙的右下角好像滿重要的……」「話說回來，左上方還得加上某某項目」等等（就是之前提及的「三上」時段）。

以圖像畫面爲基礎，在意識或無意識中，讓思考繼續發展下去。我甚至覺得，其實這正是圖像思考的本質。

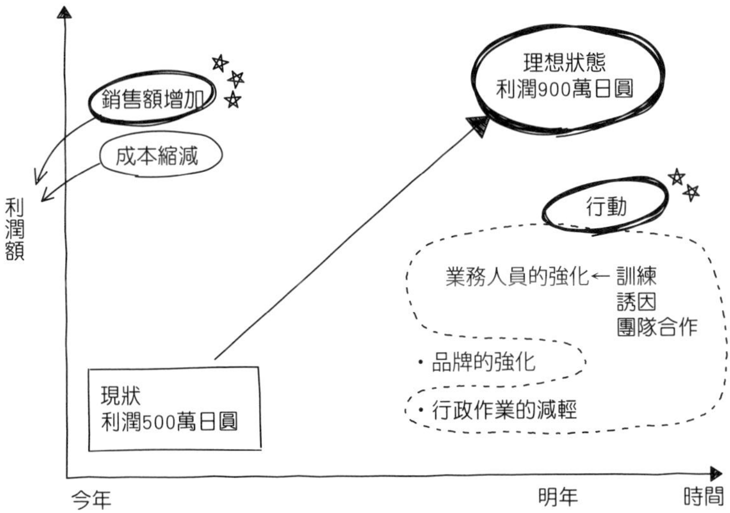

圖 21　將圖像畫面當作思考的基底

6 概念圖的基本條件⑤：畫圖時要在四周留白

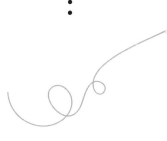

不要從紙張的邊邊處開始著手

最後一項是，繪圖之初應該從紙張的哪裡開始下筆？

答案是**「下筆時，上下左右都要留一些空白」**。因為剛開始，我們往往尚未看清楚全局圖（整體樣貌），光靠最初畫下的圖像框架，很難順暢地捕捉到全部的要素。因此，還是刻意留下空白，保留周圍的空間才是上策。而且，到最後十之八九都會需要用上那些空間。

答案就在空白處

不僅如此，空白處也可能爲我們帶來提示，讓我們有新的發現。

因爲當我們注視空白處時，其實就是在看是否缺少了什麼，也就是要**「合理懷疑」**我們眼前的圖像，這麼一來，我們就有可能被迫思考出新的切入點或新要素。

空白能刺激發想。在那些空白處寫上新想法。這就是「空白幫助我們拓展想法，

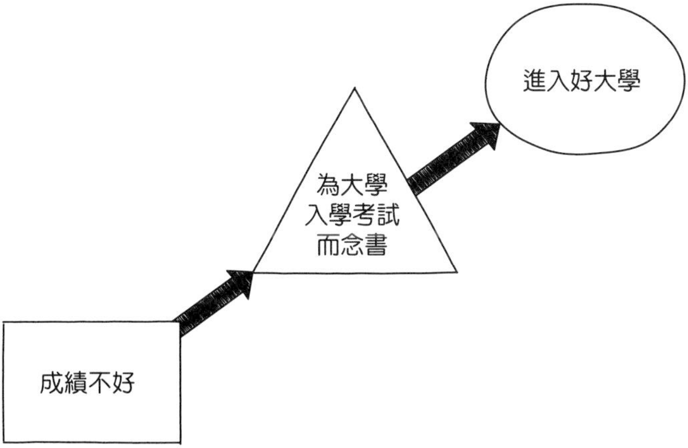

圖 22　關東煮圖 ①

新想法又回過頭來幫我們豐富圖像」的良性循環。

比方以「關東煮圖」爲例。當小孩升上小學高年級，開始思考未來時，就有可能畫出如圖22的「關東煮圖」（這只是一個舉例……）。

然後，開始盯著空白處看。爲了要「進入好大學」，只有拚命地「爲準備大學入學考試而念書」這條路可走嗎……？

努力思考各種觀點來強迫自己想出其他途徑，就有

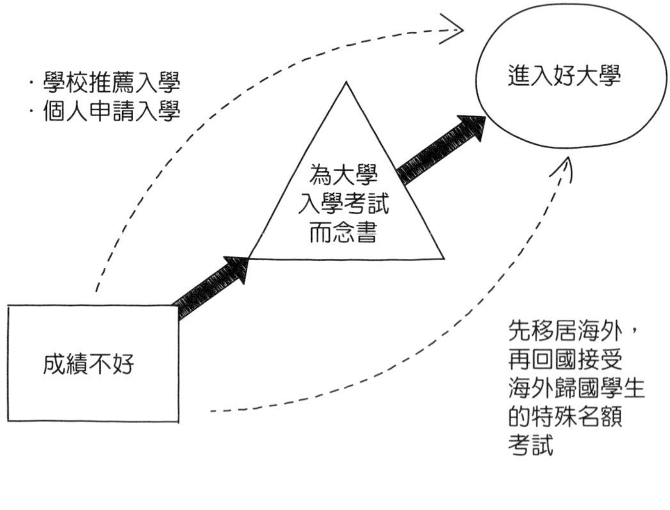

圖 23　關東煮圖 ②

可能發現學校推薦入學、個人申請入學，或是「先移居海外，再回國接受海外歸國學生的特殊名額考試」等等不同的攻頂方式（圖23）。

概念圖是自由發揮的演出。可以一邊意識到全局圖及横、縱軸的概念，一邊自由而簡潔地將自己的思考，整合得更完整。這是一種充分使用右腦和手的思考技法。

COLUMN

圖像思考讓國文也變得跟數學一樣？

使用圖像，有時也能讓我們看出乍看完全不同的事物，其實在最根本的本質上，有著相同的邏輯。

舉一個簡單的例子。

此題材出現在日本小學三年級的教科書上。

以前的國語課本中，有一篇文章名為〈逐步發展的大海〉。該文的主旨是：大海對我們的生活十分重要，以及因為其至關重要，所以我們必須保護大海。

仔細思考會發現，這篇文章根本就是數學的三段論，文章的結構是：海↓重要的事物；重要的事物↓必須守護；因此，海↓必須守護。雖然文章的篇幅多達三頁，但作者想傳達的理論非常簡單，光是用記號「A↓B，B↓C，因此A↓C」就能傳達。

海（A）↓重要的事物（B）；重要的事物（B）↓必須守護（C）；海（A）↓必須守護（C）。

但如果這樣寫，還是讓人有點摸不著頭緒吧？

但若繪製成圖像，就很容易理解了。

此處所使用的圖是代表集合的○（圓圈）。（或許你會想說「集合……我最不擅長了……但這裡不會出現有難度的內容，敬請放心。」

以集合來說（用語言還真是難以解釋），大海被包含在重要事物的集合中，重要事物被包含在必須守護的事物中。因此，大海當然是被包含在必須守護的事物當中。三者形成了這樣的包含關係。我想，與其用語言描述，不如請大家自行參考圖24最右邊的概念圖，更能直覺性地了解。

這意謂著什麼呢？

其實國文的「邏輯結構」和數學的「三段論」及「集合關係」在根本上是完全相同的。全都是相同的邏輯結構、相同的關聯性，三者的本質是一樣的。

我認為國文、數學和圖像都是一體兩面的關係，因為當我們翻到某一面時，都可以用圖像的方式思考；翻到另一面時，又能變成國文或數學。我相信這就是圖像本身所具備的力量。

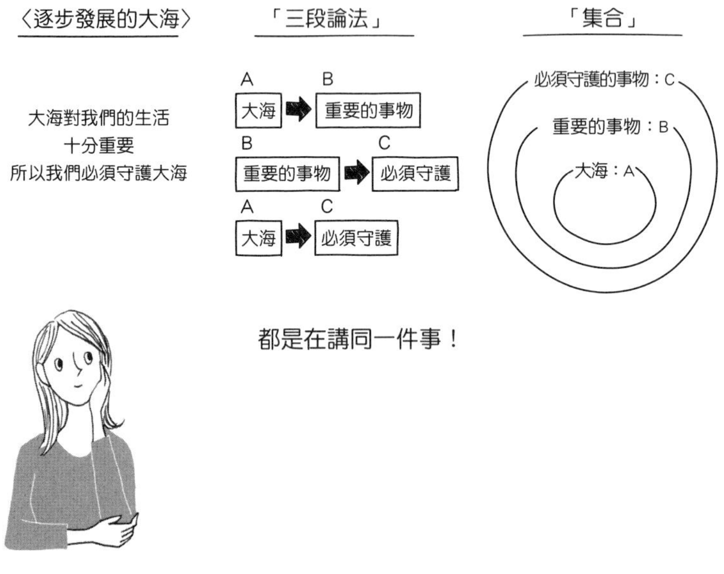

圖 24　若以「集合」來表現〈逐步發展的大海〉……

基礎篇練習

以圖像思考「職涯計畫」之前篇

開始跟著圖像一起思考

讓我們使用到目前爲止所介紹的概念圖繪製方式，一起思考一邊擬定職涯計畫的過程。請思考以下的狀況。

現在你是一名三十多歲的技術人員，在日本的某家製造公司任職。身分是已婚男性，育有一子。你對工作沒有太大的不滿，但隨著走出公司，與各種不同的世界接觸之後，你開始有了登上更大舞台的想法，比方說在全球性的商業場合擔任團隊領導者，而且這種想法愈來愈強烈。你該如何規畫今後的職業生涯呢？

從宏觀來看，這個問題的結構是「現狀→理想樣貌」，因此應該滿適合使用「關東煮圖」的。

然後我們會發現，以橫軸爲時間，以縱軸爲職業的層級感，是滿自然的做法。右上是「活躍於全球性企業的團隊領導者」，左下是「日本製造公司的技術人員」。

當我們仔細端詳「空白處」，試圖填補兩者間的落差時，可能就會浮現出多種想法。比方說：

因爲是以全球爲目標，所以可以先跳槽到外資企業？

爲了將來，現在先積極累積創業的經驗？

更基本的做法可能是學習英文、學習經營管理？不對不對，先暫時留在目前的職場奮鬥，過一陣子再思考何去何從……等等（圖25）。

注視著圖像，並試著將看似有關聯的事物用虛線「圈起」來，就會浮現新的靈感。

比方說，將經營管理和英文「圈起」來，就能聯想到去海外進修MBA課程的具體選項；把經營管理和換工作圈起來，或許想到的方向是不只可以跳槽到外資企業，還能跳槽到顧問管理公司；又或者，將創業和經營管理併在一起思考，你

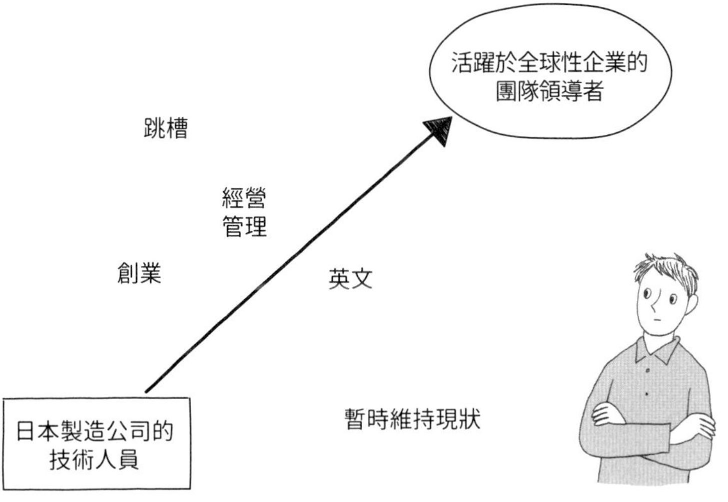

圖 25 用圖像思考職涯計畫 ①

就會發現還能轉換跑道，投入新創企業的選項（圖26）。

首先畫出「草圖」，然後注視著圖像，試著將文字「圈起」等等，就能朝著解決問題的方向邁出第一步。

使用「鷹眼」及注視「空白處」

接下來，讓自己退一步，注視這幅草圖。

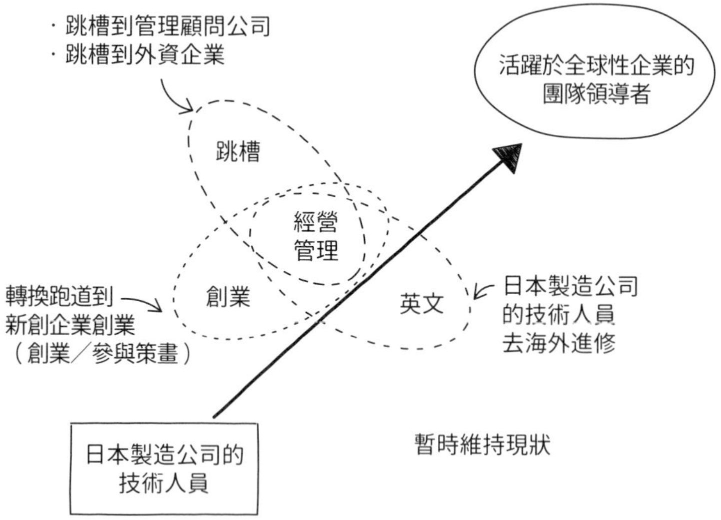

圖 26　用圖像思考職涯計畫 ②

換言之，就是提高自己的視角，以「鷹眼」俯視。要以俯瞰式的、整體性的、視野開闊的方式，一同注視著「空白處」。這麼一來，說不定就會發現自己之前其實落入了某種「狹隘的視野」中。

仔細思考剛才的草圖，也許你就會發現圖中只提到自己。然而，一個人的人生會和家人的人生環環相扣。如果只思考自己的話，是不夠周全的。與家人的「關聯性」也是很重大的要素。

家人一定會衷心期盼你能邁向成功。但成功是一回事，家人應該也會覺得與你共處的時間很重要（如果他們不覺得的話，那眞是抱歉……）。與家人的共處時間和收入多寡，當然也事關重大。如果是要出國取得MBA學位，那麼或許就能和家人一起過海外生活，創造珍貴的共處時光，但這段時間就會沒有收入，在財務上將變得十分吃緊。

另一方面，若選擇管理顧問公司或新創企業的話，在風險上會比一般事業的公司高上許多。收入方面雖然因爲往上爬升的機率較高，而有機會獲得較好的報酬，但說不定就很難騰出時間與家人相處。

像這樣思考的話，你就會得到更大的整體樣貌，其中不只有自己的職業，還包含了後來所察覺到的部分——與家人之間的幸福。把它繪製成圖像的話，就會像圖27。

順帶一提，這張圖中，我把維持現狀和跳槽到外資企業從選項中移除了，前者的原因是「太過消極」，後者則是「行業別和任職地點太多，難以抉擇」。

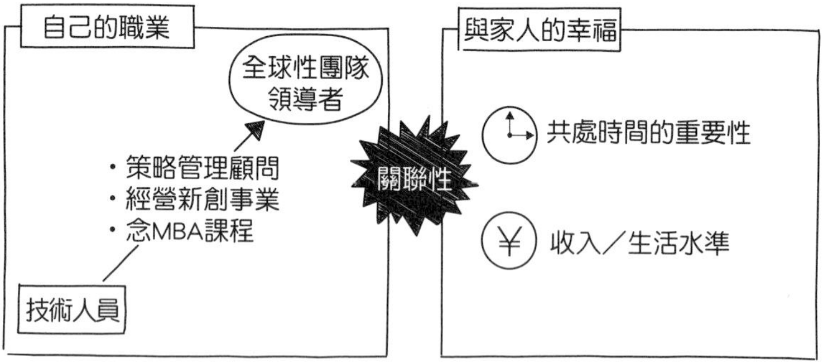

圖 27　用圖像思考職涯計畫 ③

分組後，標出「關鍵詞」

注視圖27，或許你又會浮現新想法。仔細思考就會發現，我們所思考的事物會呈現出兩大的對立軸就是「結果」和「過程」。希望自己最後活成什麼模樣，是屬於「結果」；在達成之前如何使用時間、生活，則是屬於「過程」。

提出自己與家人的「關聯性」後，我們就清楚看到了「結果」和「過程」這兩個異質性的重大要素。接著，就會浮現出一個更本質性的問題「該以何者爲優先」，你在這個問題上所做出的選擇，將會大大地改變最後的決定。

無論在人生中或在經營管理上，做什麼（What）、如何做（How）都是十分重要的。不過，更重要的是，爲什麼（Why）這麼做（比決定外食吃什麼，來得重要太多……）。不能明確地知道Why（爲何如此），就無法制定判斷標準，也無法做出正確決策，甚至他人、組織，乃至於自己，都會無法全心全意地投入其中，完成那項決策。

在這次的案例中，透過寫出結果和過程這兩個「關鍵詞」，讓我們更加明確地意識到Why的重要性（圖28）。順帶一提，在這裡我們「強調」關鍵詞。那麼，接下來該如何做更深入的思考呢？關於職涯計畫，我們的討論就暫時先停在這邊。介紹完PART 2的實踐篇後，我們再根據其內容，繼續討論下去。

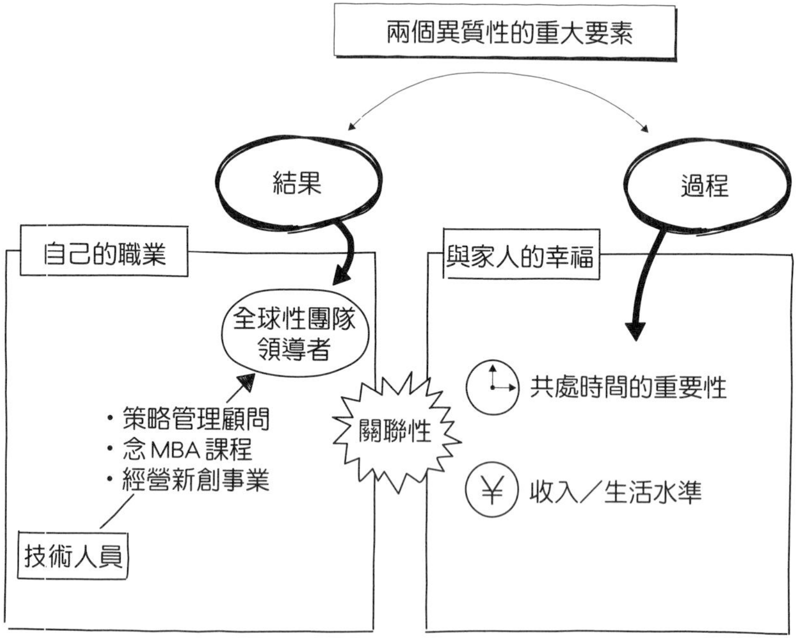

圖28　用圖像思考職涯計畫④

PART 2

實踐篇

當管顧，進公司第一年就要學會的「金字塔圖」和「田字圖」

進入實踐篇後，我要開始和大家談圖像的第二個種類——「結構圖」。「圖像思考」本來就是要拿來俯瞰事物的整體及關聯性，以圖像來理解其邏輯與結構。繪製「結構圖」時，就要善用「模型」。

換句話說，既然前人創造出了好用的「模型」，那麼我們就可以使用那些「模型」，當作迅速又有效深入思考的方式。

實踐篇裡，將會介紹四種「模型」。

這些模型就是我過去從聰明人身上學來的，可說是圖像思考專用的「武器」。

先介紹其中兩種模型：

① 掌握邏輯結構的「金字塔圖」

② 掌握整體的「田字圖」

念完理工科的研究所後，我進入了商業界，學過各式各樣的知識技術，而「金字塔圖」「田字圖」就是在我任職於第一家企業顧問公司裡，最早學到的「模型」。這是我第一年一邊工作，一邊被迫磨練而學會的技術。

透過第一種的「金字塔圖」，可以對事物進行分類，藉此掌握問題邏輯結構的全貌，並將這種邏輯思考的過程繪製成圖像。在各種領域中都能發揮其解決問題的威力。

第二種則是避免夫妻爲外食吵架所使用的「田字圖」（圖1，參考第23頁）。將縱軸分成兩項（肉和魚），橫軸也分成兩項（清淡爽口和口味濃重）而繪製成的圖。以圖1而言，那就是外食選項的全貌。田字圖最適合用來捕捉全局。

難度稍微提高、動態型想法的「箭形圖」和「迴圈圖」

剩下的兩種分別是：

③ 捕捉動向、動作的「**箭形圖**」

④ 詮釋動能的「**迴圈圖**」

這兩種比較是屬於嘗試捕捉動態性特徵的「模型」。它們能解釋出金字塔圖和田字圖所較難掌握的邏輯。

比方說，世上絕大多數的事物，都是先輸入某些東西，再加以處理，然後最後輸出的「系統」。「箭形圖」十分適合用來理解這一系列的動作。

再者，萬事萬物都是隨著時間演變的，所以箭形圖也很適合用來捕捉隨時間改變的動作（就像騰出時間學英文的圖18、19，參考第82頁）。

第四種「迴圈圖」能呈現「循環」的動能。「循環」是世間動向呈現出非常重要的一項特色。舉個簡單的例子，「美國加徵關稅」→「中國加徵關稅」→「美國加徵關稅」……這樣的貿易戰，就屬於「循環」（圖29）。「迴圈圖」適合用來捕捉潛藏在現象背後，而其他三種模型難以掌握的結構或因果關係。

當我們打算進行圖像思考時，「金字塔圖」「田字圖」「箭形圖」「迴圈圖」（圖30）這四種模型，可以成爲我們非常強而有力的武器。從書中第3章到第6章，我將會詳細說明這四種「模型」的用法。

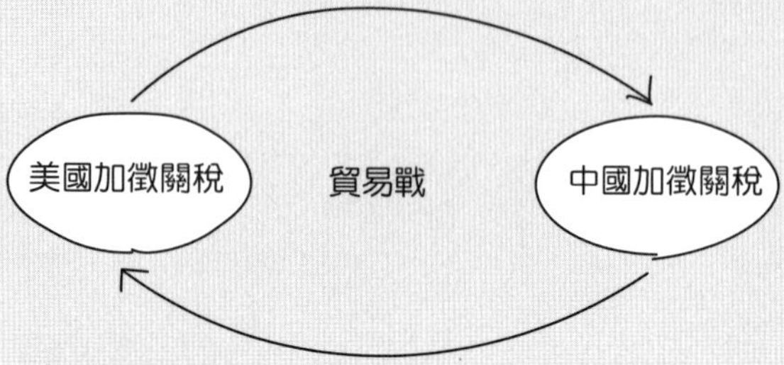

圖 29 掌握循環的「迴圈圖」

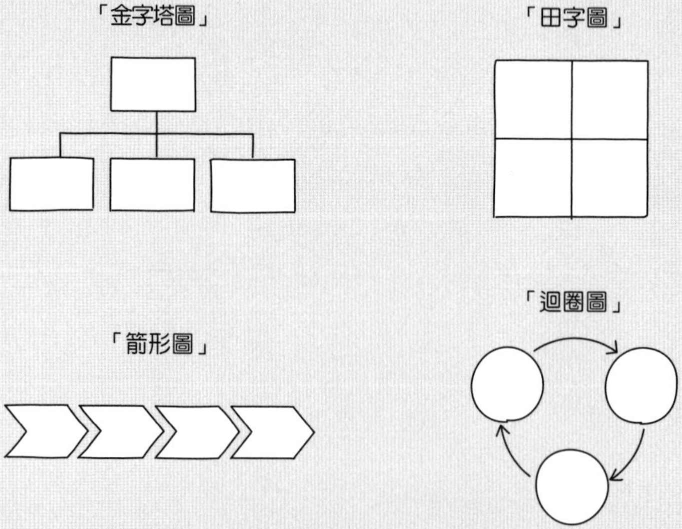

圖 30 四種模型

第 3 章

可使用的模型①：金字塔圖

這個模型之所以被稱為「金字塔圖」，是因為這種用來呈現邏輯結構的圖像，形狀類似金字塔（有些人經常橫向繪製，所以也有許多橫躺的金字塔……）。

「金字塔圖」在邏輯思考中，和「MECE 法則」一樣，都是最、最基本的重要思考方式。

1 「金字塔圖」的力量

建立起近代科學基礎的金字塔圖

以金字塔圖進行思考，其實就是將複雜的事物分解成具體要素來加以理解。分解時需要注意的是，必須以MECE**法則**（Mutually Exclusive Collectively Exhaustive）分解至「無遺漏、無重複」的狀態。因爲，若有遺漏或重複的話，就很難找出「正確的解釋或答案」。

事實上，這種金字塔圖的分析法，也是近代科學的原點。

比方說，當我們想知道水是由什麼組成的時候，就會將水分解成氫和氧。因爲只要知道分解出氫和氧是什麼，就能知道水是什麼。接下來，要知道氫是什麼時，我們又會將氫分解成原子核和電子……以此類推。

人類一直靠著分析來解釋現象，建構理論。然後，將這些建立成知識體系，並加以充實累積，從而獲得向前更進一步的能力。我們稱之爲**「化約主義」**（Reductionism），這是近代科學中強而有力的研究方法。

「金字塔圖」正可說是以圖來呈現化約主義思考方式的結果。

找出「正確答案」的邏輯樹狀圖

三十年前，我一當上管理顧問，就被不停地教導，而徹底記住了如何使用金字塔圖的模型。這種模型有各式各樣的稱呼，又稱爲邏輯樹狀圖（Logic Tree）、課題樹狀圖（Issue Tree）等等。

但嚴格來說，樹狀圖和金字塔圖有很大的不同點，在此省略不提。比方說，專欄中提到的〈逐步發展的大海〉（參考第98頁，圖24），若將這篇文章以金字塔呈現的話，會是如何呢？我想應該可以畫成像圖31。

如果你是一名管顧，而你想告訴客戶（這個情況下應該是日本政府？）：

「你們必須守護大海！」這時，從這個金字塔圖可知，只要證明「大海是重要的」與「重要的事物必須守護」即可。

因爲當客戶接納這兩項說法時，理當也會接受「必須守護大海」的說法。

反過來說，若想讓對方接納「必須守護大海」的假說，很顯然地我們只要針對「大海是重要的」和「重要的事物必須守護」這兩件事蒐集資料，並加以分析即可

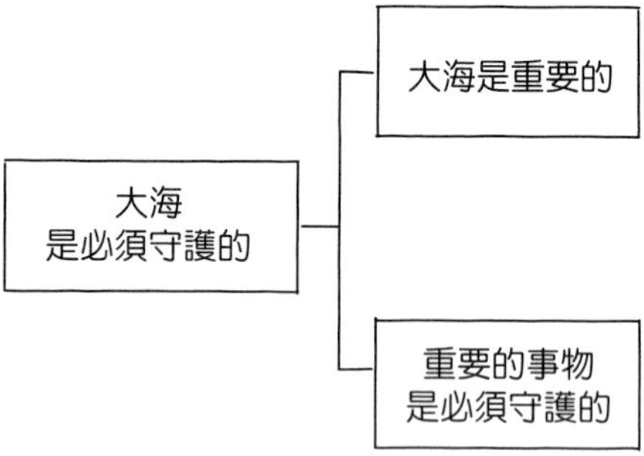
大海
是必須守護的
大海是重要的
重要的事物
是必須守護的

圖 31　以金字塔圖呈現〈逐步發展的大海〉①

（圖32）。

透過金字塔圖的分解，**能讓我們有效並快速地找到「正確的答案與詮釋」，而不必做多餘的白工。**

圖32是課題的全貌，是應該做的事情的全貌。**能讓全局圖如此明確地呈現出來，**就是金字塔圖的威力。

事實上，這篇〈逐步發展的大海〉是我一畢業後，進入貝恩策略顧問公司時的培訓教材。當時擔任東京分公司社長的後正武先生，爲

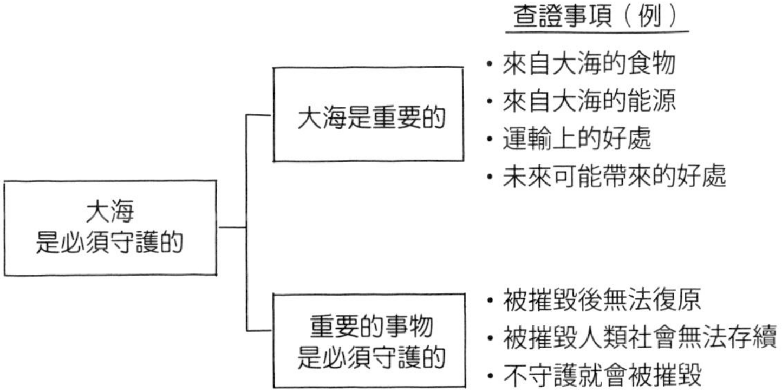
查證事項（例）
大海是必須守護的
大海是重要的
・來自大海的食物
・來自大海的能源
・運輸上的好處
・未來可能帶來的好處
重要的事物是必須守護的
・被摧毀後無法復原
・被摧毀人類社會無法存續
・不守護就會被摧毀

圖 32　以金字塔圖呈現〈逐步發展的大海〉②

了讓我們學會邏輯力，而選用了這個題材（後先生，謝謝您）。

不過，我爲了成爲管顧，而選擇了外資顧問公司工作，結果一進公司卻被要求閱讀小學三年級的課文，當時還眞是嚇了我一跳（笑）。

2 使用「金字塔圖」擴展邏輯幅度

先畫三個「框框」

那麼，我們該如何使用金字塔圖，進行深入思考呢？答案非常簡單。首先，在紙上畫出金字塔圖的「框框」。先在最上層畫一個四角形的「框框」，然後在它下面畫大約三到五個（圖33）。

在最上層的框框中，寫下自己現在必須思考的主題。接著，在下一層的框框中，寫出與這個主題相關的重要元素。先畫出框框，再寫下內容，其實正是此處的重點。因爲畫出框框後，就得去填滿框框，因此能強制我們從多面性的角度來思考。當然，我們不能在框框中寫下相同的內容，因爲這就明顯違反了

ＭＥＣＥ法則。也因此我們的思考才能進行多面性的發展。

當然，框框也有可能從第二層繼續延伸到第三層、第四層……但畫太多層的話，會因爲分類過於詳細，而難以理解，所以畫到第三層就差不多了（本章中的範例爲求簡單明瞭，只畫出兩層而已）。

比方說，你是負責開發新事業的決策者，現在有一個新事業的候選項目Ａ。你該不該通過？這時，使用「金字塔圖」來思考，就能幫助你提高決策的精準度。

首先，在第二層畫三個框框，並在其中寫下該思考的要點。此時，管理學中提出過的各種架構，都可以拿來當成我們的

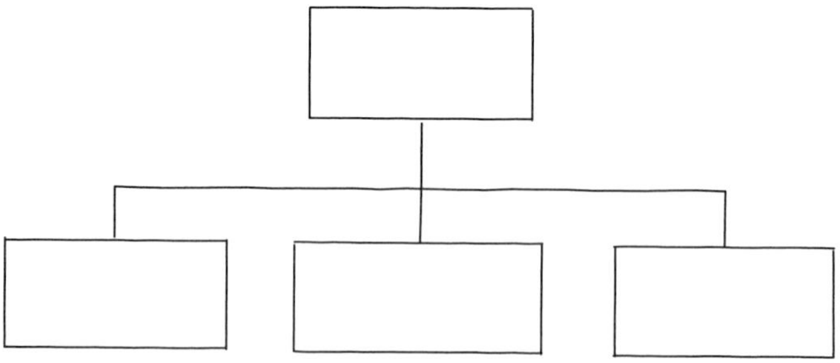

圖 33　金字塔圖的基本型態

「思考觀點」。既然這裡畫了三個框框，又是在衡量一個事業的好壞，剛剛好3C理論（Customer＝顧客、Company＝自家公司、Competitor＝競爭者）可以派上用場。

・A事業是否能創造出充分的顧客價值？（Customer）

・憑藉著本公司的資源和能力，是否能成功執行A事業？（Company）

・中長期來看，是否能維持與競爭對手的差異化？（Competitor）

於是，你就能想出以上幾個要素（圖34）。如果這三個問題的答案都是Yes的話，也許新事業的成立就可以通過了。

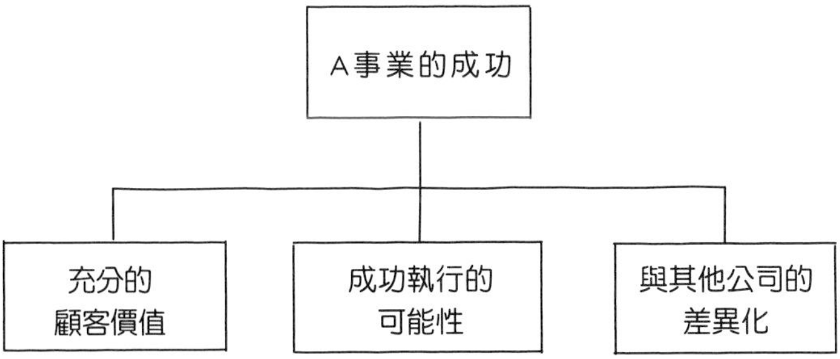

圖 34　用金字塔圖，思考如何讓事業成功 ①

根據需要追加框框

不過，如果你希望更慎重一點的話，那麼最好要拓展思考的廣度。

這時就要追加框框。追加框框會強迫自己努力擠出更多的想法。那我們現在再來增加五個框框試試看。當你努力擴展自己的視野時，或許就會想出下列幾個要點。

- A 事業是否與本公司的目標方向一致？
- 推行 A 事業是否有助於強化公司自身的競爭優勢？
- A 事業是否能與本公司的其他事業產生加乘效果？
- A 事業若進行不順，撤出市場的成本大不大？
- 公司本身的組織文化是否適合經營 A 事業？

這些觀點可以將我們的思維提升到整個公司的層級，而非只限於關注 A

事業本身（的理想樣貌、競爭優勢、加乘效果、投資組合、組織文化等）。你看，這樣思考的廣度是不是就開始拓寬了呢？（圖35）**透過追加框框來努力擠出更多想法。這麼一來，就能擴展視野，思考得更深入，於是我們也將更加接近「正確答案」**。

順帶一提，許多優良的企業都是因爲圖35中最右端的組織文化，與新事業無法順利搭配，而吃下敗仗。例如，豐田旗下的優良汽車零件製造公司DENSO，曾跨足行動電話的市場，最後又撤出。因爲行動電話產業的需求變化快速，與汽車零件產業的週期不同，所需的組織文化也有所

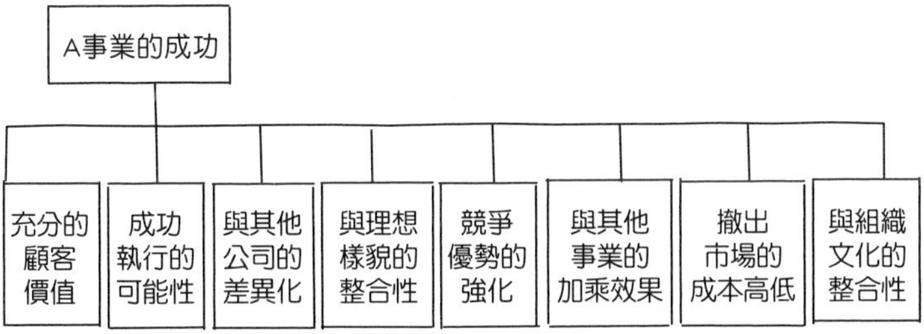

圖 35　用金字塔圖，思考如何讓事業成功 ②

差異。再舉一例，生產日用雜貨商品的花王公司，過去也曾跨足磁碟片的生產（一種桌上型電腦用的儲存媒介，現在幾乎見不到了），但最後也是失敗收場。這兩個例子都告訴我們，追加框框後才看得出的因素，其實也會左右一個企業的事業發展。

用「唱反調的眼光」防止「狹隘的視野」

那麼，我們如何才能抽絲剝繭地找出框框中的要素呢？

首先，第一步是善用理論框架作爲「思考觀點」。不管是3C或4P（這是市場行銷上的理論框架，意指「Product 產品」「Price 價格」「Promotion 促銷」「Place 通路」）或其他，只要是存在大腦中的知識，就要全部拿出來運用。這些**理論框架**，**可以幫助我們找到思考的切入點**。

但腦中既有知識不多的人，或是理論框架無法套入時，又該如何是好？

我親身使用的方法是以「唱反調的眼光」來看待事物，也就是**「合理的懷**

疑」。對於下屬或學生整理好的資料（尤其是圖表），我經常會用唱反調的眼光加以審視。

因爲人容易陷於「狹隘的視野」中。所謂「狹隘的視野」是指被當下所看得見的東西給局限住，無法產生新的視點、視角或角度，也就是想法沒辦法拓展開來的狀態。此時，「唱反調的眼光」就非常適合用來突破這種僵局。突破下屬或學生的狹隘視野，是爲人主管、師表者的一項重大責任。

要將「唱反調的眼光」的內涵用文字表現出來，還眞不容易，硬要化爲文字的話，就是我會提醒自己要從九十度的側面、上面、下面，又或者從背面，仔細端詳他們的詮釋方式。這種方式做過頭的話，還頗惹人厭的，但確實能夠幫助自己找出新發現或新想法。

九十度的側面、上面、下面、背面

舉例來說，當有人提出一項意見：「只要將某產品的省電功能大幅提升，就一定會熱賣。我們趕快開始來研發！」如果你直接問：「什麼是九十度的側面？什麼是上面、下面？什麼又是背面？」恐怕只能得出一個模糊籠統的答案。不過，若是畫成圖像的話，也有可能因爲以三維空間的概念來呈現，而令人眼花撩亂（圖36），所以我們就直接用上述的例子來說明。以這個例子來說明，可以做出以下的討論：

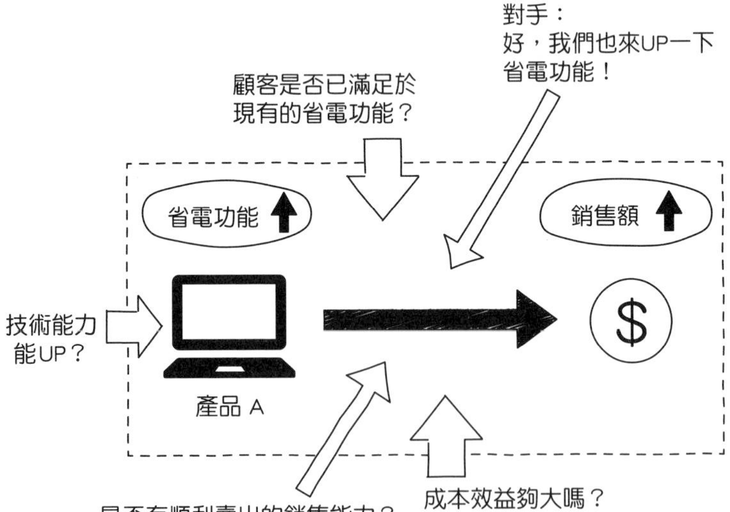
對手：
好，我們也來UP一下
省電功能！
顧客是否已滿足於
現有的省電功能？
省電功能
銷售額
技術能力
能UP？
產品 A
$
是否有順利賣出的銷售能力？
成本效益夠大嗎？

圖 36　從 90 度的側面、上面、下面、背面來思考

・**九十度右側**【競爭者的觀點】↑從旁出手、爭奪的視角
因爲省電功能可用數值表示，功能好壞一目了然，結果其他公司會不會也爭相跟進，最後只是大家一起陷入惡性競爭的狀態？
・**九十度左側**【銷售能力的觀點】↑與之對抗力量的意象
假設現在要向客戶推銷我們產品的省電功能，那麼公司的業務，是否有能力充分地傳達這項特色呢？
・**上面**【顧客的觀點】↑顧客花錢就是老大、居高臨下的眼光
顧客對於目前的省電功能已經十分滿意的看法，是否只是一再追求產品優異功能的企業（研發部門）出於自我滿足的心態而已？
・**下面**【利潤的觀點】↑像吃角子老虎機器、從下面吐錢的圖像
提升省電功能所需的費用和所能達到的效果，是否符合成本效益？
・**背面**【研發能力的觀點】↑從背後支撐省電功能的意象
提升省電功能是否對於公司自身技術的運用與強化，有所幫助？

像這樣用從上、下、左、右，以及背面的「唱反調的眼光」來審視，抽絲剝繭地找出新觀點，將框框一一填滿，就能獲得更寬廣的視野。

若做到前述的程度，仍萌發不出新想法時，就用「分組」來抽象化

即使做了上述這麼多事情仍想不出新想法時，該怎麼做呢？提供大家一個穩當的方法，就是試著「分組」（圈起）。

先將自己所能想到的事物通通寫下來，再將看起來有關聯的部分「圈起」來。**「圈起」的效果在於能促進抽象化**。促進抽象化是指，爲多個不同要素找出其上一層、有意義的集合體。當然這些集合體都將成爲構築金字塔圖框框的候補選項。

「圈起」能將乍看之下、雜亂無章的課題加以分門別類，甚至找出解決問題的方向。

讓我們嘗試看看，如何將此應用在解決日常生活的問題上。

比方說，現在家裡十分凌亂，我很想改善這個情況，但整理的進度卻一直停滯不前。因此，我先把所能想到的相關原因都先寫下來：東西太多、沒時間整理、捨不得斷捨離、累積了一大堆使用不到的東西、不知從何處下手、沒有物歸原位、衣服丟得到處都是、留了大量的DM類廢紙……等等（圖37）。

然後，凝神細看，試著將看起來有關聯的項目圈起來。這麼

✓ 東西太多
✓ 沒時間整理
✓ 捨不得丟
✓ 一堆用不到的東西
✓ 不知從何下手
✓ 沒有物歸原位
✓ 衣服散亂
✓ DM類的東西累積太多
✓ 不想一個人整理
✓ 過期食品太多
✓ 連客廳也堆滿了洗衣粉、杯麵
⋮

圖 37　分組 ①：先列舉

一來就會開始覺得，自己能將這些項目分門別類。

接著再爲每個類別寫上「關鍵詞」。關鍵詞大概會是What、How、Why（圖38）。

What＝不需要的東西實在太多

How＝不整理這些東西就會四處散亂

Why＝沒有開始整理的契機／頭緒

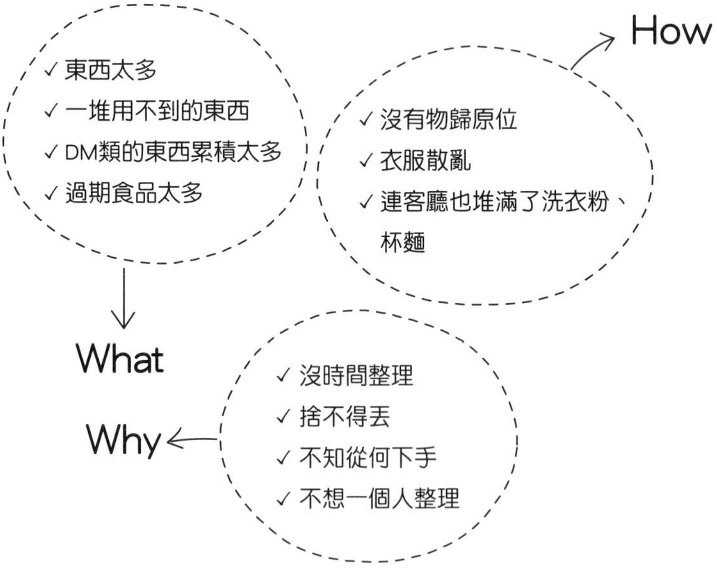
✓ 東西太多
✓ 一堆用不到的東西
✓ DM類的東西累積太多
✓ 過期食品太多
What
How
✓ 沒有物歸原位
✓ 衣服散亂
✓ 連客廳也堆滿了洗衣粉、杯麵
Why
✓ 沒時間整理
✓ 捨不得丟
✓ 不知從何下手
✓ 不想一個人整理

圖 38　分組 ②：圈起來寫上關鍵詞

關於如何整治凌亂不堪的屋子，這樣做就終於能看出一絲頭緒了。當然囉！重點必須放在 Why。

我的發現是：如果東西不減少，也很難將物品放回原本應該在的位置。在沒有時間的狀況下，要一氣呵成地整理屋內，在現實上根本不可能。還有，一直想著該從何下手，事情也不會有所進展。換言之，別再想契機/頭緒是什麼了，總之只能從小地方、可以整理的地方開始收拾。

既然認清 Why 只是自己的藉口，那麼解方就是「坐而想不如起而行」。首先，家裡每一個人只要隨手看到絕對用不到的東西，就負責拿去丟掉，慢慢減少屋內物品。不這麼做的話，永遠無法解決 What 和 How。這樣想到什麼就寫下什麼，並加以分組，思考就能從這裡開始前進。

說到我們家務整理，從經驗來看，實在很難有計畫地進行，只能從看到的地方開始做起，讓物品慢慢地減少。這種見一個處理一個的方式，對我們家而言，比較有效。

所以，最近我開始慢慢在丟東西了……

2 使用「金字塔圖」深化邏輯

「反覆問五次為什麼」，以「強制深化」思考

到此爲此，我的說明比較強調的是，如何使用金字塔圖擴寬視野，掌握全貌，以找出正確的解釋或答案。

從本節開始，我則是想朝著深化邏輯的方向進行討論。

使用金字塔圖，不僅可以無遺漏、無重複地分類，使邏輯結構浮現，還能有效地追查出「眞實因素」。做法就是在感覺不對勁的地方，反覆詢問「爲什麼」，深入地向下挖掘。大家常說「反覆問五次爲什麼」（5 Why），但爲何「反覆問五次爲什麼」是有效的做法呢？

因爲當我們重複詢問「爲什麼」時，就一定會強迫自己去使用過去不曾出現的切入點，進而使我們的觀點更具全面性。比方說，當提問「銷售能力不足」的原因時，如果光是回答「就是因爲銷售能力不足」，這樣當然就完全無法說明，而只是鸚鵡學舌而已。要讓金字塔圖具有意義，就不得不運用不同的切入點。**問五次爲什麼，就等於是用上五個不同的切入點**。

以詢問爲什麼「銷售能力不足」爲例，假使第一個答案是「因爲業務不了解顧客」，這麼做就可以知道這樣的提問方式是具說明力的。因爲切入點已經從原本的「業務」，轉移到更深一層的「顧客」角度上。

這時再反覆詢問第二、三個爲什麼。爲什麼不了解顧客？答案或許是「因爲就算了解顧客、提高了營業額，也不會反應在自己的薪水上」，也就是缺乏誘因。這時切入點就深入到「人事」上了。那麼，接著問爲什麼沒有績效獎金之類的誘因？說不定是因爲該公司只重視製造開發，而輕忽了業務。這麼一來，切入點就來到了「組織文化」上（圖39）。

像這樣反覆詢問「爲什麼」，就能使用不同的觀點，便能一步一步地釐清銷售能力不足的**眞正原因**（**眞實因素**）。以這個例子來說，要強化業務銷售能力，就必須對公司文化進行全面改革，因爲問題已經從「業務」變成「組織文化」了。眞正的答案往往存在於距離問題發生時間點有一段距離的地方。因爲**原因和結果在時間和空間上，都不一定是相鄰的**。

反覆詢問五次爲什麼，至少能用上五個不同

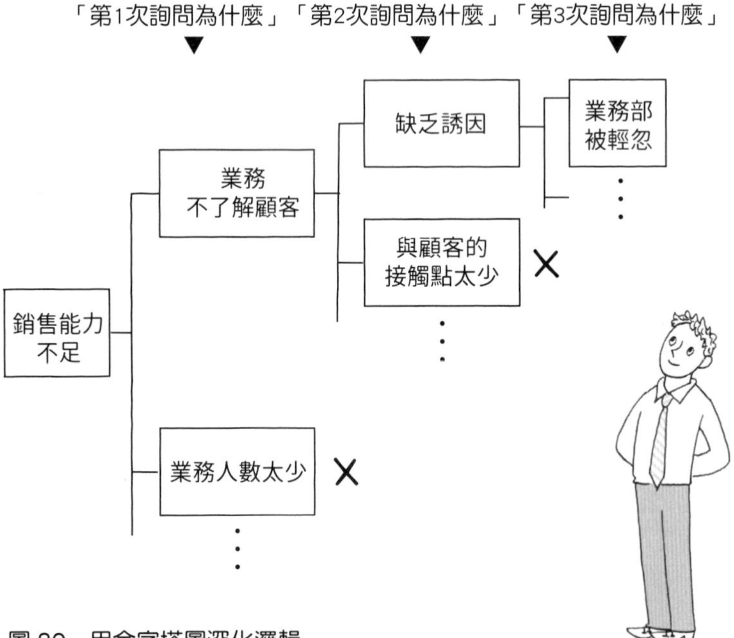

圖 39　用金字塔圖深化邏輯

的觀點，因此能帶領我們慢慢逼近問題點發生的眞實因素。

化學製造商 A 公司，成立新事業失敗的真正理由

讓我們來談談某間化學製造商 A 公司。

A 公司利用技術上的優勢，在原本擅長的 B 材料之外，開始多角化經營新材料 C 的市場，卻進行得很不順利。經過大家一邊蒐集資訊，一邊反覆討論「爲什麼」之後，竟意外發現了眞實的原因。

「客戶不肯買新材料 C」

↑「客戶不打算聽 A 公司介紹材料 C」

↑「客戶只對 A 公司生產的自信商品材料 B 有期待」

↑「對客戶而言，A 公司是重要材料 B 的供應者」

↑「希望 A 公司能全力投入於提升材料 B 的品質與降低材料 B 的價格」

↑「不希望A公司的心力被材料B分散」

換言之，即使A公司內部認爲，新材料C具有技術和客戶的加乘效果，而拚命販賣新材料C，最後卻只會造成反效果。這正是只站在賣家立場思考的壞處。

此時，正確的做法是，忘掉加乘效果（至少在業務活動上），即使是多此一舉、甚至繞遠路，也要成立不同的子公司，以不同的品牌和業務組織，從頭開始推銷、販賣新材料C。

檢視金字塔的角度：「Why So?」「So What?」「True?」

如前所述，金字塔圖可以幫助我們找出因果關係，探究「眞實原因」。而在探究的過程中，要從以下三個角度來檢視金字塔圖：

Why So? ＝ **爲何如此？**

So What? ＝ **所以呢？**

True? ＝ **眞的嗎？**

透過這三項提問來**「合理懷疑」**，才能眞正喚醒金字塔（圖40）。

在擔任管顧的生涯裡，無論是菜鳥或老鳥時期，我都不停地被人質問：**So What? Why So?**（我自己當然也會思考這些問題……）但正因如此，才讓我的金字塔圖精準度不斷提升。

此外，詢問「True?」也十分重要，因爲這麼一問就能幫助我們看穿「紙上談兵的空論」。當別人對你說：「眞的嗎？既然如此你舉幾個例子看看。」的時候，**如果你想不出任何具體的例子，就表示那只是不切實際的理論**。討論的內容要實在，就必須能提出具體的例子。

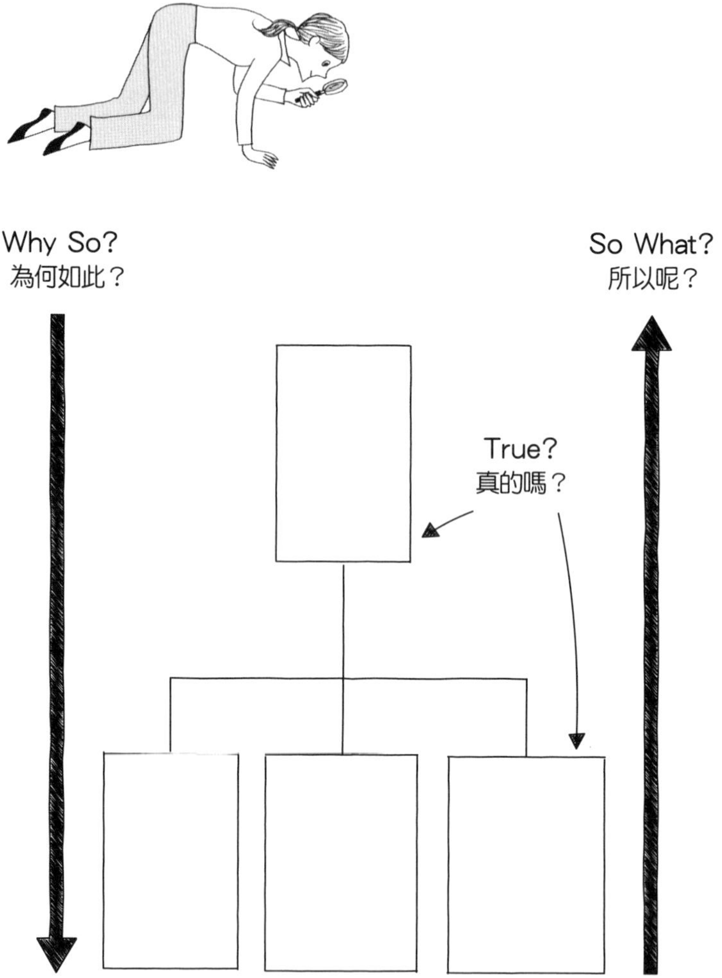

圖 40　檢視金字塔圖的「3 種角度」

倒因為果??

這裡有一個需要注意的地方。

各位聽了也許會難以置信，但人們經常會弄錯因果關係，且倒因爲果。我們眞的會弄錯因果關係嗎？

我們就舉日本的 7-11 爲例來思考。長年以來，在日本便利商店業界中，7-11 的日營業額一直都獨占鰲頭。簡單來說，就是業績很好。有人推測這是因爲他們的自有品牌做得很棒。7-11 的自有品牌商品確實很美味。只不過，仔細思考就會對此產生疑問。因爲 7-11 在創業之初並沒有自有品牌。我們來看看這樣的推論：

「自有品牌做得很棒→業績很好」

其實也許是「業績很好→自有品牌做得很棒」

因爲業績好，所以食品製造商願意提供有競爭力的自有品牌商品。這樣的可能性也很大。又或者，我們也可以思考更貼近自身的例子：「因爲討厭念書，所以成績差。」但這也可能是導果爲因的：「因爲成績差，所以討厭念書。」若是後者，那麼再怎麼要求這個學生「你得喜歡念書」，也無濟於事，因爲因果關係是顚倒的。與其如此，不如在某個科目、某項小考時，刻意讓他取得一次好成績，說不定他就會因此感到開心而喜歡上念書，成績也跟著提升，產生一次良性循環。**原因和結果其實並非我們所想像得那麼不證自明，反而是晦澀難解的**。因此，面對原因和結果時，我們必須謹慎推敲，包括要思考時間的先後順序，或者試著將因果互換看看。

4 使用「金字塔圖」開闊視野

金字塔圖也能擴大思考的格局

金字塔圖除了有「擴展理論」「深化理論」的效果之外，有時還會直接爲我們「開闊視野」。

在金字塔圖中，一項事物會被分成兩項以上的要素，所以愈往金字塔圖的下方，內容會更具體。有趣的是，具體性愈增加，**並不表示一定會變得愈細微**。有時反而會變得大而具體。

請先看一下圖41的兩個金字塔圖，兩者都是分析營業額的圖。

各位發現了嗎？

左圖是將營業額細分成數量×單價。右圖雖然具體性增加了，但大家不覺得視野也擴大了嗎？與公司自身的營業額相比，市場規模是更大、範圍更廣的概念。

換言之，思考金字塔圖時，不能只想到「細分」，也要朝「擴大」的方向去思考才是上策。

接下來要介紹的例子，是出自一個MBA留學生的碩士論文。

這名留學生的論文主題，是爲自己所任職的中國企業，訂定重回日本市場的策略。該中國企業曾經

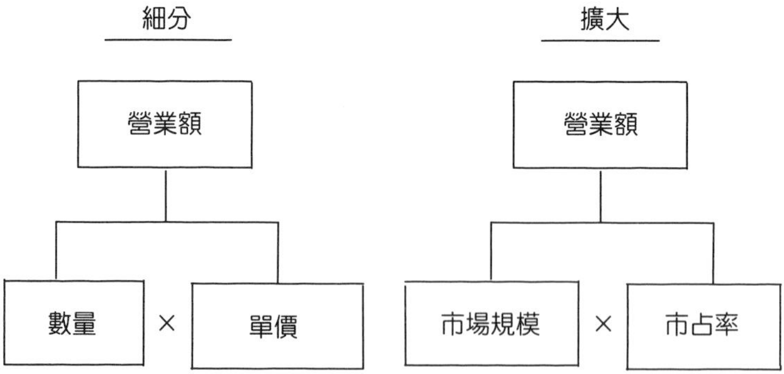

圖 41　用金字塔圖拓展視野

打入過日本市場，但因赤字連連而暫時撤出。

當然，也很有可能是因過去的策略不夠周全而離開市場的。那名學生詳細調查了過去的失敗原因，並透過克服那些因素，訂定了一個重新打入日本市場的計畫。

他思考產出的金字塔，大致如圖42。

然而，失敗的真實因素或許在於日本市場的結構問題。果真如此的話，就算詳細調查提出了失敗的原因，重新打入市場也沒有勝算。

這種時候，朝「擴大」而非「細

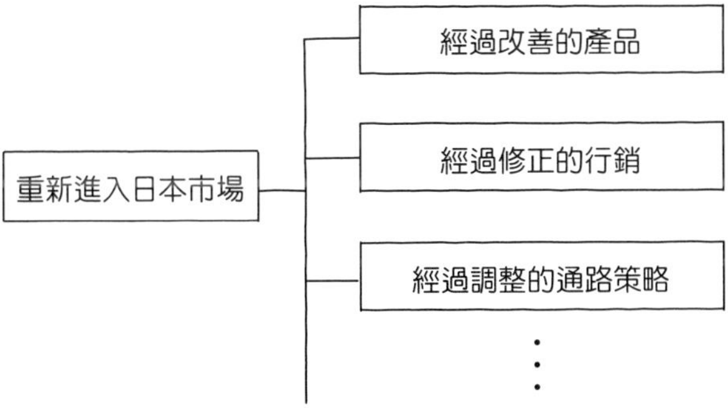

圖 42　中國企業重新進入日本市場 ①

分」的方向來使用金字塔圖，也很有效果。這名遇到瓶頸的學生，將視野擴大至東南亞，並得到以下的策略。

他的想法是將東南亞納入事業版圖，並將曾在嚴峻的日本市場裡獲得的經驗，運用於強化打進東南亞市場的能力之上。不是只談日本市場是否獲利，而是將市場擴大到日本加東南亞，並透過改變日本與東南亞在其中的定位，以求突破（圖43）（實際上，有好幾家外資企業也有同樣的想法。當然也要當心估算收支時，是否過於草率……）

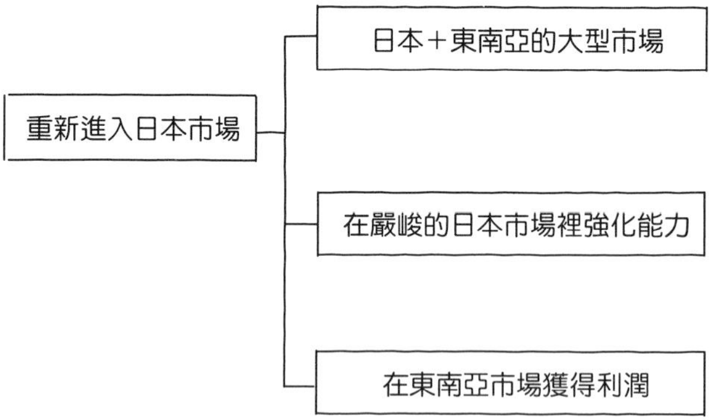

圖 43　中國企業重新進入日本市場 ②

像這樣用金字塔圖來思考，並非僅局限於細分的要素上，而是**擴大眼前問題的「格局」，對問題本身進行「操作」，也是十分重要的事**。

眞正的答案很有可能是，透過這種方式才能發現。

注意是否漏看了並排的因果

金字塔圖的威力雖然如此強大，但仍有一個很大的死角，那就是我們可能會漏看並排框框之間的因果關係。

讓我們來思考一個非常簡單的例子。假設在思考「提高銷售額」的問題時，可以分解成「提高價格」和「提高數量」這兩項要素。最好的情況，當然是兩項同時並行。

但價格和數量，基本上是互爲反比。提高價格後，一般來說，數量就會往下掉（圖44）。

這樣的話，要實現這個金字塔圖，本來就十分困難。

或許有人會說：「不可能，怎麼可能有人漏看這種事！」但實際上，在企業發布的中期經營計畫中，就有許多畫大餅的美好計畫，都是像這樣漏看了因果關係，或尚未將邏輯完全整合起來的地方……

只要合併使用第四種模型「迴圈圖」，即可避免遺漏這種因果關係。關於「迴圈圖」將留待第 6 章討論。

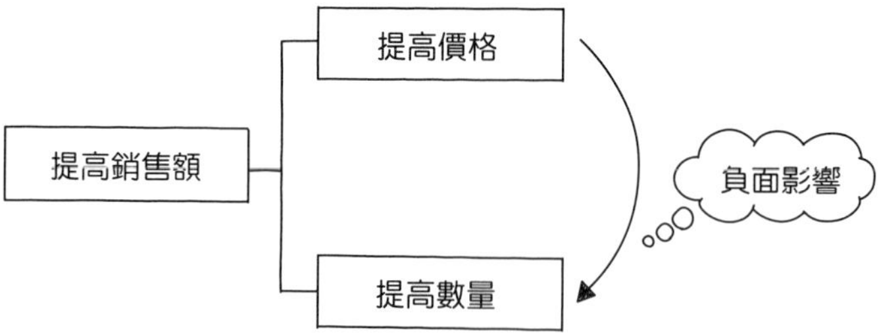

圖 44　注意並排的因果關係

COLUMN

利用「圈起」提高分析能力

用「圈起」提高抽象度的圖像使用方法，也有助於提高分析能力。比方說，以下的「圈起」就是我在擔任管顧時，經常使用的招式。

①用「圈起」理解結構

橫軸是營業額，縱軸為利潤率，我們將業界內的企業資料描繪成圖表，並加以分類。我經常會畫這種圖表，因為大致可從圖表中讀出業界的競爭動態（圖45）。雖然這種圖表很簡單，卻能幫助我們理解業界的宏觀結構，這是單純觀察個別企業所看不到的部分。圖表也可以取其他切入點作為縱軸和橫軸。比方說，「事業的垂直整合度」和「產品種類的多寡」。同樣地，試著將企業分組圈起來，圖表上就會顯現出不同觀點下的業界結構（有時將被圈起來的企業群稱為「策略群組」〔Strategic Group〕）（圖46）。

②用「圈起」決定優先順序

「圈起」還可以用在決定優先順序的分析上。

比方說，當我們要思考創業的優先順序的時

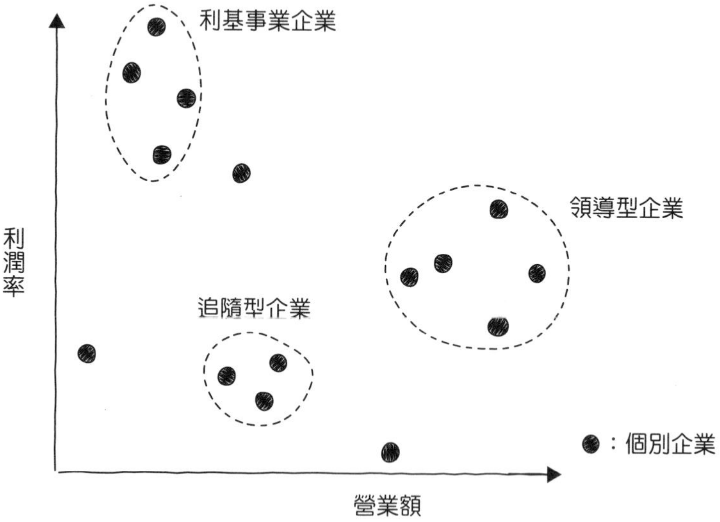

圖45 用「圈起」理解結構①

候。討論要成立哪些個別事業也是一件重要的事，但更茲事體大的是，要以整個事業版圖來思考，而其中必須涵蓋每個新事業的候補。因為唯有討論整體事業版圖，才能釐清公司整體策略的方向，同時還能考慮到事業版圖內的加乘效果。

這意謂著圈起這個動作，可將視角從「個別事業」的層次，提升至「事業版圖」的層次。當我

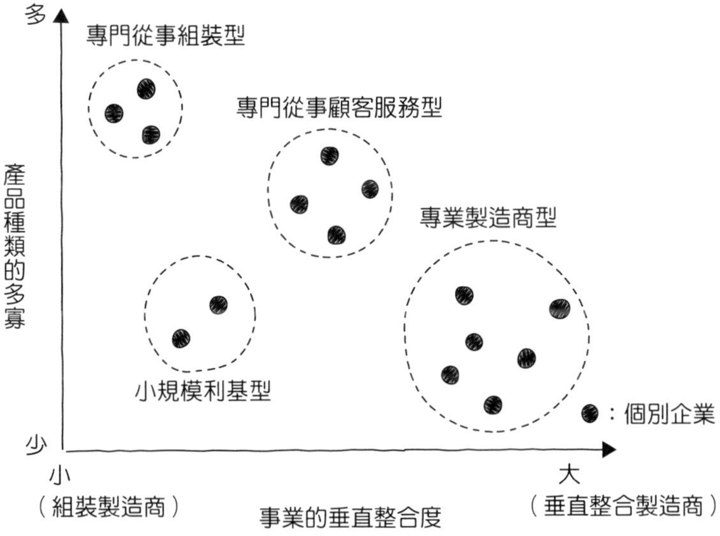

圖 46 用「圈起」理解結構 ②

們擁有觀察事業版圖的高度視角時，對於新事業的看法也會有更深一層的認識（圖47）。

③用「圈起」得到新發現

圈起也能讓我們察覺「離群值」。

聚焦在離群值上，也能促使我們得到新發現。

比方說，以圖45而言，我們就會聚焦在追隨型企業的群組中的黑點（企業）。「為什麼銷售額只有中等程度，利潤率卻很高？」只要理解原因，或許就能獲得如何提升利潤率的靈感。

經營管理學的研究中，經常會使用統計分析，利用平均與分散來推導出普遍原則。但若經營管理策略的「重點」，是必須跟其他公司有所不同，那麼比起統計分析推導出來的普遍原則，也許聚焦在落於群組之外的離群個體，反而更有效果。

圖像中的離群值、無法順利放入全體樣貌中的要素、例外事例等等，這些經常都能帶領我們找到新發現。

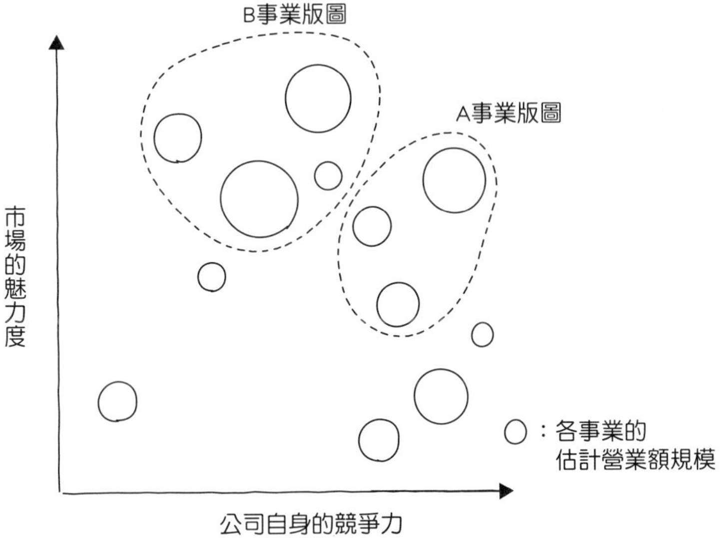

圖 47　用「圈起」決定優先順序

第 4 章

可使用的模型②：田字圖

「田字圖」正如其名，就是狀如「田」字的圖，並且分成縱軸和橫軸。換言之，「以田字圖思考」就等於「以平面思考」。田字圖是在複雜的現象中，試著用兩個最重要的要素，解析出其本質。這麼做將能幫助我們更加深入思考。

1 從橫軸與縱軸出發的「田字圖」，為何能讓人更深入思考？

最簡單的二維「田字圖」

第 4 章將討論如何應用「田字圖」，進行思考。

只需要運用十分簡單的二維框架就能製作出「田字圖」，因此這個模型**能幫助我們分析本質**、**釐清想法**。甚至能進一步協助我們，推導出解決方案。

當然，田字圖也能活用在工作以外的情境上。比方說，假設我們現在要思考「將來想做什麼」。

關於坐標軸，或許我們會想到「想做的事」和「會做的事」。將這兩個要素組合起來，就能畫出如同圖48的「田字圖」。右上當然是最佳的選擇，只不過假如天不從人願，那我們就得在右下的「現實答案」或左上的「不幸的選擇」之間，做選擇。

經常上電視的某位補習班老師指出，許多人都是因爲選了左上的「想做的事」×「不擅長的事」而陷入不幸，所以他主張應該選擇不想做但擅長的事（右下）。

這個說法確實頗具說服力。但根據自身經驗，我覺得從長期來看，左下

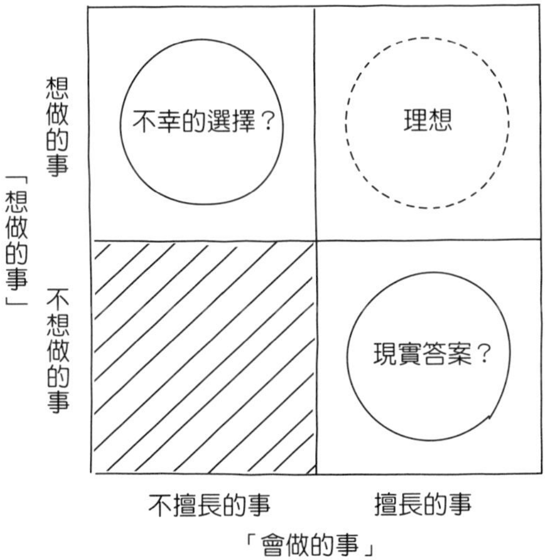

圖 48　利用「田字圖」，思考未來想做的事

的「不想做的事」×「不擅長的事」似乎也很重要。面對每個當下的狀況，即使是「不想做的事」「不擅長的事」，若能願意接受挑戰，那麼不想做的事就會慢慢變成想做的事，不擅長的事就會變成擅長的事——我似乎就是因此而打開自己格局的。

以前我很喜歡物理這個科目，所以想當物理學家。但研究所畢業時，因緣際會投入我不懂的商業界。後來我寫下的第一本書，探討的是商業界的「組織」。即使在商業領域中，組織也是個變化多端、難以捉摸的主題，但這其實是我過去最沒有興趣的一門學問。而且，我也曾赴美留學，然而學生時期成績最差的就是英文。結果，現在多多少少也會說些英文了。

即使面對的是有點不喜歡的事物，也要積極挑戰。這麼一來，不但有可能讓我們發現自己意想不到的潛能，還能豐富我們的人生。

像這樣使用二維的「田字圖」，就能形成各式各樣的聯想。即使，如同圖48這麼簡單的田字圖，也足以幫助我們思考自己的未來，闡述人生道理。

此外，選擇社團活動或擇偶（圖49）等需要做出選擇的時刻，也都可以使用田字圖（不過用邏輯理論來思考如何選擇女友，這件事本身還滿值得商榷的……）。

簡單卻豐富的「田字圖」

「田字圖」還有其他威力強大之處。那就是它雖然操作簡單，卻適合放入眾多要素，而能變成豐富的圖像。比方說：

- 可隨意取兩項性質不同的要素，當作橫軸和縱軸。
- 可將事物「劃分」成四個結果。
- 還能進一步在四個格子中標上主題，或將例子分門別類，放入對應的格子中。

・或者，在其中一個格子上色，就能強調此處。

・也能加上箭頭線，表現出動態的方向。

・還能討論優先順序，正如前面提到「選擇女友」的例子。

再補充最後一點，

田字圖中還能畫上「等高

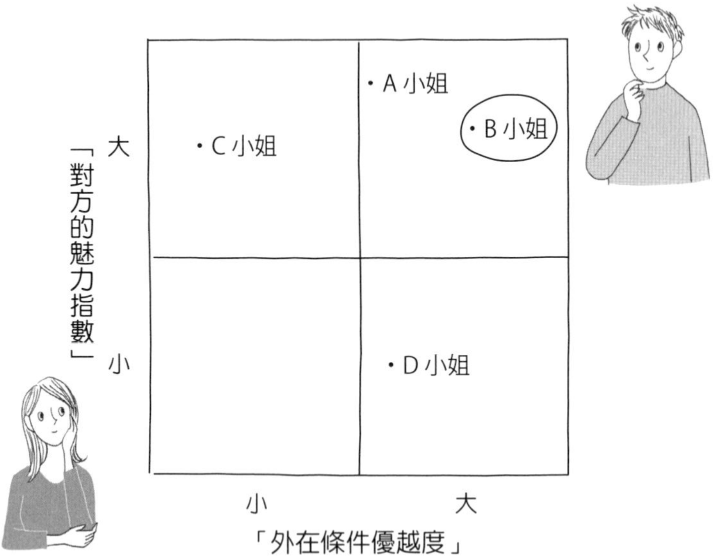

圖 49　用「田字圖」選擇女友 ①

線」，以表示出兩種要素的均衡度。以圖49爲例，B小姐的魅力指數和外在條件優越度取得了良好的平衡，是兼具高滿足感和高現實性的最佳答案（圖50）。

田字圖既簡單且非常豐富，這就是其魅力所在。

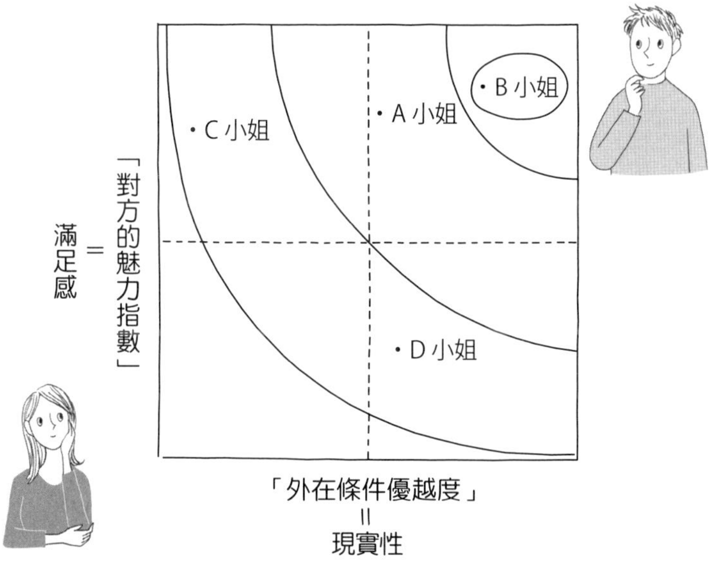

圖 50 用「田字圖」選擇女友 ②

2 如何用「田字圖」釐清與解決問題？

找出縱軸與橫軸

使用「田字圖」時，一開始就必須做好的重要步驟是：設定「坐標軸」。想要神來一筆，立刻找到坐標軸，並不容易。我們只能反覆嘗試各種坐標軸，慢慢從中發現最適合的。不過，選擇坐標軸的試錯過程本身，也能幫助我們深入思考。

此處我們以企業尋找具商機的事業爲例，進行討論。

我曾擔任管顧多年，長期接觸經營管理的學問。當時的經驗讓我切身感受到的是，企業經營的事業領域，無論如何都必須落在「公司自身的強項能得以發揮之處」×「有魅力的市場」的範圍內。用「田字圖」呈現的話，就是位於右上的格子（圖51）（與未來想做什麼的「理想」、選擇女友的「B小姐」一樣）。

接下來的步驟就有些困難了。困難點在於：**要用什麼來定義該坐標軸？**也就是，要拿什麼當作評估「公司自身強項」的指標，以及定義「市場魅力

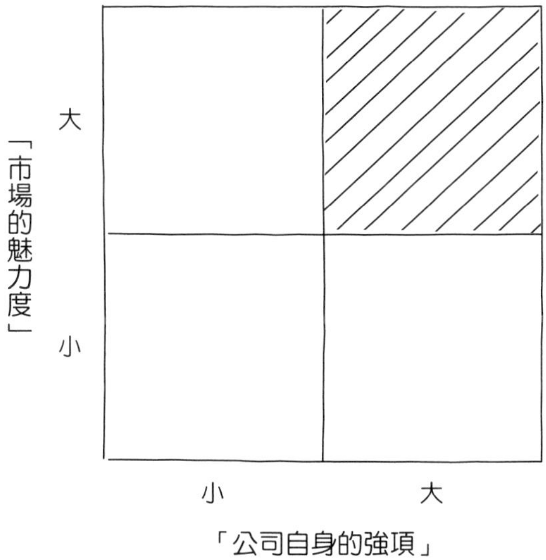

圖 51　用「田字圖」，尋找能發展商機的事業 ①

度」的指標爲何？定義坐標軸的巧妙與否，將大大影響到策略的品質（圖52）。因此，選擇縱軸和橫軸正是管理顧問的一大挑戰。我當時也曾爲此絞盡腦汁，過程既痛苦又充滿樂趣。當然，若只是亂槍打鳥、一味嘗試，會造成效率低落。想要提高精準度，就要記住幾個「切入

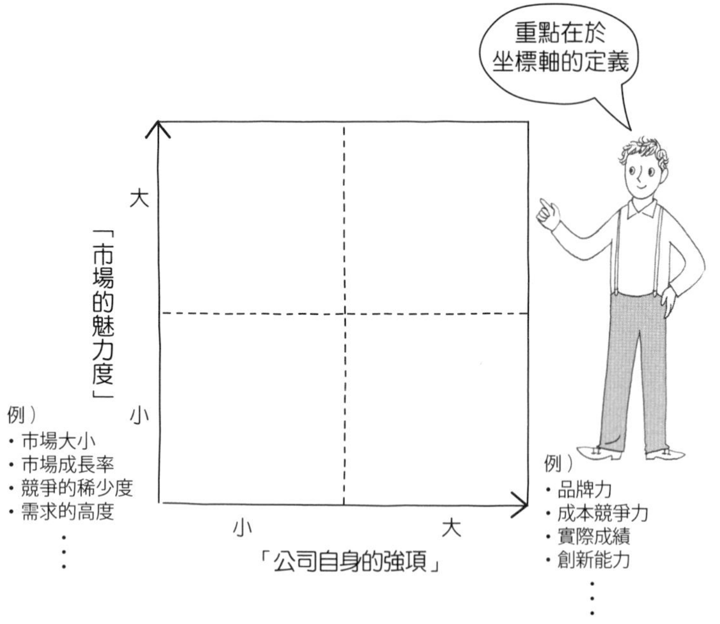

圖 52　用「田字圖」，尋找能發展商機的事業 ②

點」。在選擇坐標軸時，就能隨時加以運用。以下介紹三種我經常會注意的切入點。

如何發現坐標軸？①：對立的兩個項目

第一種是找出要思考問題的對立兩個項目。

舉幾個簡單的例子，比方說爲了「提高學業成績」而思考讀書的「量×質」，又或者求職過程中，爲了獲得工作的「應徵公司數×錄取率」等等。這裡所採用的「量×質」或「絕對值×比率」的坐標軸，雖然不是那麼嚴謹，但都可算是互爲相反的思考觀點。也可以將相反兩個項目的座標軸相乘。提高學業成績的「量×質」坐標軸，不僅等同於學力本身，也關係到偏差值（日本對於學生學力測驗的計算公式值，偏差值大於50，表示成績優異，有能力考上好大學）。求職的「應徵公司數×錄取率」則等於工作數量。

反過來說，**思考「可以分解成哪兩個相乘的要素」，也是設定出好坐標軸**

的思考觀點之一。在讀書的「量×質」這邊，還能替四個格子分別取不同的名稱。例如，右上是「秀才型」；左上是「會抓重點型」；右下是辛苦耕耘卻無收穫的「遺憾型」；左下是「懶惰型」。左上的「會抓重點型」是輕輕鬆鬆，就能取得不錯成績的最佳位置（圖53）。順帶一提，前述的「公司自身的強項」×「市場的魅力度」（圖51，參考第161頁）也是分成了「內」與「外」的兩個對立軸。

如何發現坐標軸？②：要素分解（兩種屬性）

第二種方法是將問題分解成兩種不同屬性的要素。將分析對象分解成兩種要素，此種聯想方向也是有效的切入點，這與第一種方法兩個對立項目有部分的雷同。設計×功能性、膚觸×保暖度、色×味、畫質×大小、溫柔×經濟能力、時間×空間、事前×事後、整體×部分……大家可儘管天馬行空地自由聯想。

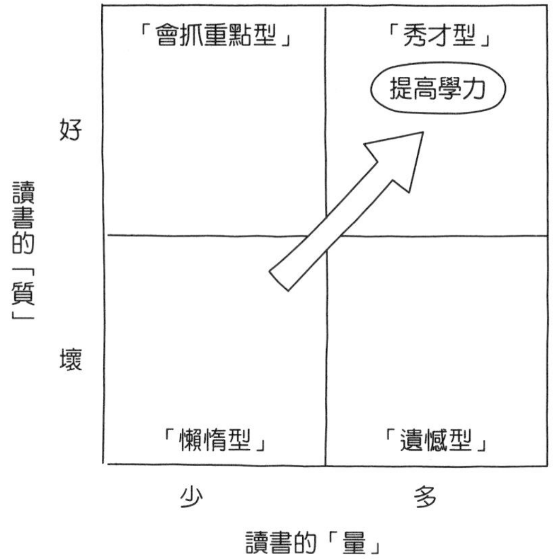

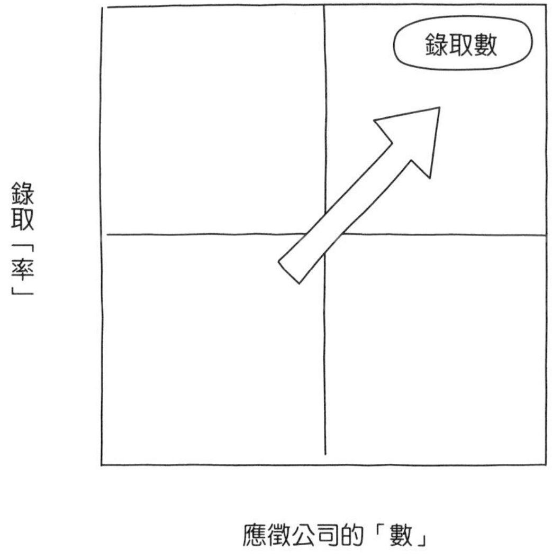

圖 53 以對立的兩個項目作為縱、橫軸

如果我們思考的對象可分成兩個重要屬性，那麼畫出的「田字圖」就會符合MECE法則的整體樣貌。透過要素分解與MECE法則，畫出的這個「二維」圖像，將能爲我們帶來重大的啓示。不妨思考零售商店的「商品種類」。各位認爲在什麼樣的情況下，才會覺得「商品眞齊全」呢？其實商品齊全度，可以分成兩個要素思考。第一是類別的數量，就是類別的「寬度」。比方說，牙刷、電燈泡、筆記本和鉛筆、零食和便當等等，商品共有多少類別。第二種是各類別中的「深度」，也就是同類別中商品種類的豐富度。比方說，商品架上擺著多少種不同製造商或特徵的牙刷（圖54）。前者「寬度」較寬的是便利商店，後者的「深度」較深的是高級超市，像百貨公司裡的日系超市。對我來說，高級超市會讓我感到「商品眞齊全」，且讓我逛得很開心，因爲「深度」能讓人印象深刻。假如要經營一間商店，各位會如何分配商品種類呢？這時，「商品類別的寬度×商品類別的深度」的分解方式，就能爲我們提供啓示。

如何發現坐標軸？③：原因與結果

第三種是原因與結果。比方說，橫軸是「工作努力度」，縱軸是「晉升」，那麼兩個坐標軸就是原因與結果的關係。照理來說，工作努力度與晉升是呈某種正比，多數人應該會被分類在右下和左下

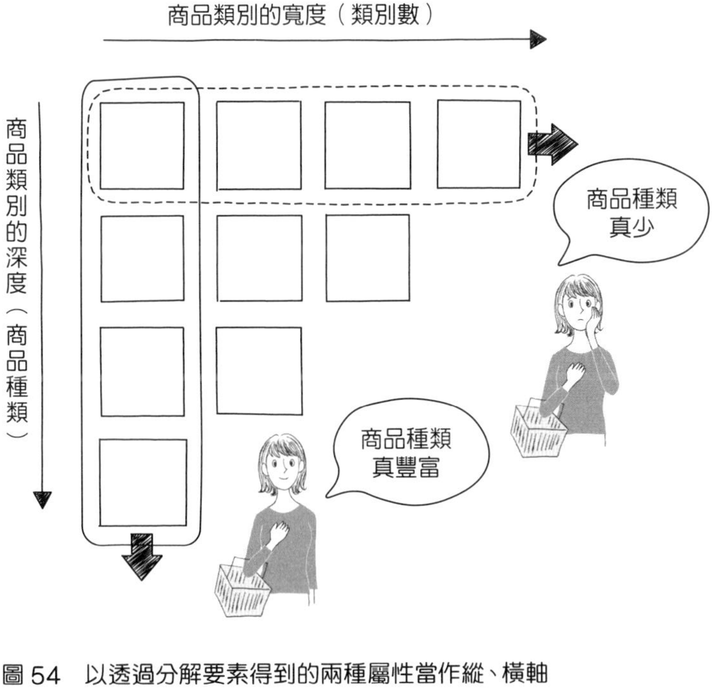

圖 54　以透過分解要素得到的兩種屬性當作縱、橫軸

（當然一定有人持不同意見……）。

如果自己不幸被分類在「右下」，也就是在明明很努力卻得不到回報的格子裡（而且自己也很想晉升的話），那該怎麼辦才好？其實，基本上只要腳踏實地、好好努力工作就行了，不過，右上與自己的差異分析，或左上的基準指標，應該都能作為我們的參考（圖55）。

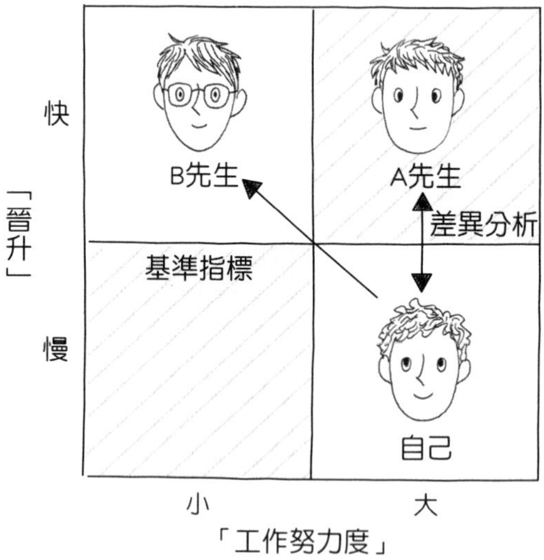

圖 55　將原因與結果當作縱、橫軸

3 「田字圖」的範例

【日常生活篇】想提升孩童的學業能力

接著，我們就來談談使用田字圖解決問題的案例。首先是日常生活篇。

假設各位讀者正在為家中孩童成績不佳的事感到煩惱。吃完晚餐，等到孩子入睡後，夫妻二人便召開緊急會議。「電視看太多」「丈夫都不會叫小孩念書」「一直滑手機」「是不是該請家教？」「小孩無心念書，注意力不集中」「一坐上書桌就打瞌睡」……兩人提出各式各樣的意見，結果只是鬧得雙方不愉快，仍看不到解決問題的頭緒。各位是否也經歷過相同的經驗？

此時，我們就可以來思考一下縱軸和橫軸。

細細玩味後，會發現這些不同種類的意見，其實可劃分爲兩種：一種是跟念書時間太少有關，包括「電視看太多」「丈夫都不會叫小孩念書」「一直滑手機」；另一種是關於念書的品質，包括「是不是該請家教？」「小孩無心念書，注意力不集中」「一坐上書桌就打瞌睡」。（可將意見寫下來，加以分組。）

這時我們就會知道，可以用前述的對立項目「質與量」來加以整理，也就是念書時間與效率（方法、專注度等），然後畫成「田字圖」。

現在就可以利用這個「田字圖」來討論該如何提升成績。

這麼一來，我們將會發現，從現狀到達理想狀況，有三條路徑（圖56）。

路徑①是「從質開始提升」。但假設你們發現孩子的理解力差，想要先提升品質是距離現實過於遙遠的想法。那麼，下一條路徑②就是「同時提升質與量」。這個方法需仰賴當事人的念書意願，難度又更高，一切都得看本人何時「開竅」。即使嘮叨孩子「不要看電視」「不要滑手機」「去念書」，也不可能眞的就順利。這就跟牽著不想喝水的馬到水邊一樣，再怎麼要牠喝，牠也不會喝。嘴上嘮叨只是白費力氣，甚至適得其反（但丈夫一說這種話，太太恐怕又會更生氣……）。

這時，也可以製造某些契機，例如：帶著孩子去他想考上的學校走一遭，讓他實際感受考上後的氛圍；讓孩子跟學長、姊聊一聊；設計模擬考，讓孩子一考就過，使孩子感到驚喜。但孩子「念書意願的開關」會在哪一個

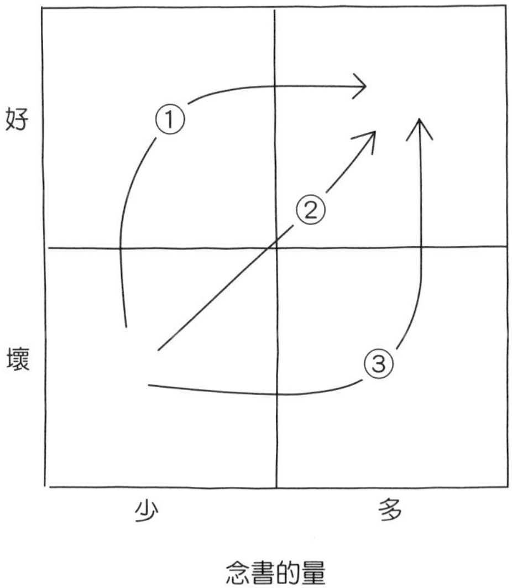

圖 56　以田字圖，思考如何提升孩子的學力

時間點被打開，誰也說不準，只能聽天由命……

如此一來，就只剩路徑③了。路徑③是「先增加量，再提升質」。雖說事倍功半，但看樣子也只有此路可選了。要實現路徑③，與其夫妻二人爭吵此事，不如幫孩子報名有替學生管理自習時間的補習班，這或許是最快的辦法。讓孩子在補習班裡強制性地提升念書的量，等待質也跟著提高的那一刻來臨，等待孩子開竅。這就是最現實可行的解決之道。畢竟，有時「量會轉化成質」……

【商業篇①】讓製造業復活的方法、策略

接下來，我們來談談商業例子，若以日本製造業爲例。

自從泡沫經濟崩壞之後，日本的製造業就陷入了長期困境，至今未有起色。爲了打破僵局，許多企業試圖從單純的「販賣商品」，轉型成「服務業」；也就是一般說的從「物」到「事」。

然而，從「販賣商品」轉型爲「服務業」，並非現在才有的行動。像ＩＢＭ公司就是如此。一九九〇年代，瀕臨經濟危機之際，ＩＢＭ成功從「販賣商品」轉型成「服務業」，進而脫離困境。又或者，像是影印機製造商從很早期，就不再單純靠販賣列表機賺錢，而是靠墨水、墨水匣賺錢，實現了服務模型。

若再向前追溯，則可

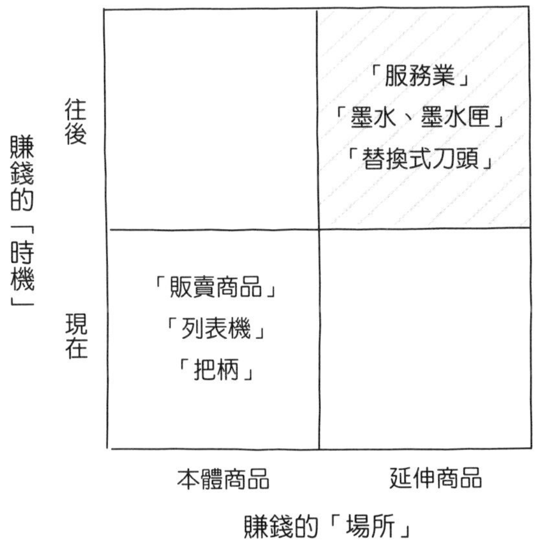

圖 57　用田字圖，思考商業的靈感

看到吉列刮鬍刀也是如此。他們不是靠刮鬍刀商品（把柄部分），而是藉由延伸商品（替換式刀頭）賺錢。並非在此階段（賣出把柄時），而是靠往後（購買替換式刀頭時）賺錢。吉列建立起這樣的機制，業績因此長紅至今。

如此思考下來就會發現，無論是日本的製造業、ＩＢＭ，或者賣的商品是列表機、刮鬍刀，全都可以套入相同的形式、相同的理論（圖57）。

坐標軸有可能是「本體商品——延伸商品」以及「現在——往後」。如此一來，各企業需要思考的重點就很明確了。

・如何定義「本體商品」？

本體商品不一定是產品的一部分，只要是能留住顧客的某種機制或價值提供，都可以定義成「本體商品」。比方說，亞馬遜的Prime付費訂閱服務，或者是系統供應商導入資訊科技時，會提供的管理諮商服務，都是不折不扣的「本體商品」。因爲一旦一開始抓住顧客，之後收入就會滾滾而來。

・如何守住「延伸商品」？

此時，如何防止第三方商品介入，以及提高顧客忠誠度，將成爲重要的課題。比方說，小松製所開發的「KOMTRAX」系統，是在他們提供的工程機械上，安裝多個感應器，二十四小時監控，當感應器事先偵測出機械故障的可能性時，他們就會提前向顧客提出建議。透過有效運用這項系統，他們成功地圍堵第三方商品的介入。不僅如此，他們還利用感應器蒐集來的數據，開始對顧客進行新的價值提供（像機械更有效率的使用方式等）。

・如何擬定獲利方式？

再者，我們必然會將重點放在何時、從哪裡、如何賺錢的「獲利方程式」上。例如，「免費增值」（Freemium）的商業模式就是一個極端的例子，它是透過免費提供「現在」「本體商品」，賺取「往後」「延伸商品」的利潤。

「田字圖」（圖57）的形式是共通的，就是以「本體商品——延伸商品」「現在——往後」爲坐標軸，透過「田字圖」不但能理清思緒，更有可能從其他地方獲得靈感。

說個題外話（但這在本質上可能是很重要的過程？），當你認真盯著圖57左上格（什麼都沒寫的「空白處」）看，就會逐漸發現新的商機。「本體商品」加「往後」……「本體商品」加「往後」……不是只能一次性地販賣本體商品獲利，而是能靠本體商品不斷賺錢？從這裡又會發展出新的想法——一種利用本體商品反覆賺錢的機制。

例如，像燃氣渦輪發動機這種高價且長壽的商品。這類商品長年使用，一定會趕不上使用上最新技術。那麼，我們有可能導入最新的技術，打造出隨時都能交換某項零件的產品設計，而替換掉技術革新很快速的零件嗎？這麼一來，就能透過交換零件，讓燃氣渦輪發動機即使運作三十年，依然保有最新技術。這樣的話，即使到了「往後」，還是能利用「本體商品」賺錢。

這樣的發想，從本質上打破了過去我們對產品的看法。創造價值的「單位」已不再是「產品」，而是「零件」。透過盯著「空白處」看，強制自己加深思考，就能激發出這樣的獨特靈感。

【商業篇②】徹底改變我職涯的田字圖「PPM」

想在這裡詳細跟大家聊聊商業例子，就是我曾在〈前言〉中提到改變自己人生的圖「PPM」。

PPM是Product Portfolio Management的縮寫，中文是「產品組合管理」。這種圖可以豐富地呈現重要的事物。它是一種框架，能用來討論「哪一項事業能創造現金」「哪一項新事業應該被扶植」等等經營課題。

現在認識PPM的人應該不少，但在三十年前，PPM還是一種嶄新思考公司整體策略的方式。

其實，PPM蘊含著三項變數，前面兩項變數是橫軸和縱軸。橫軸是相對市場占有率；縱軸是市場成長率。這兩個坐標軸是評量事業品質的不同要素。透過縱軸和橫軸，將圖劃分成四個格子，每個格子各取一個名稱（圖58）。第三項變數則是圖中所畫的○（圖59）。○的大小代表事業大小（營收），並從這些○的關聯性中找出策略上的意義。

ＰＰＭ的理論如下：

位在「搖錢樹」格子的事業，不但市場占有率高，市場也已成熟，因此能創造現金。將這些賺了錢、多出來的現金，投入位在「問題兒童」區間的事業（現在雖然弱小，但市場正在擴大且具有魅力）中，扶植其成明星。等到變成明星事業、市場成熟時，該事業就會成爲「搖

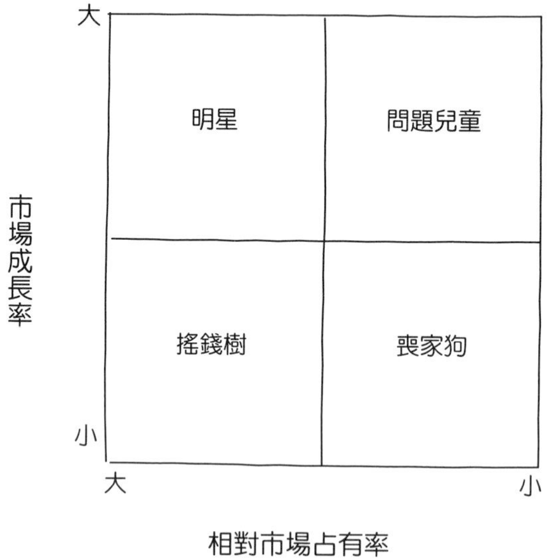

圖 58　PPM ①

錢樹」。此時，再將這裡多賺的現金，再度投入「問題兒童」……這樣就形成一種循環（圖60）。

PPM就是呈現出這種「循環策略理論」的圖。

你們看，PPM這個圖多麼豐富啊！當時完全讓我大開眼界。

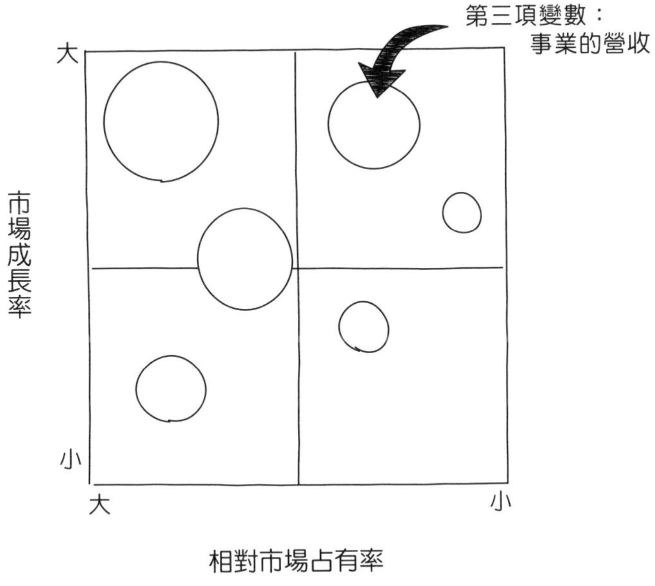

圖 59　PPM ②

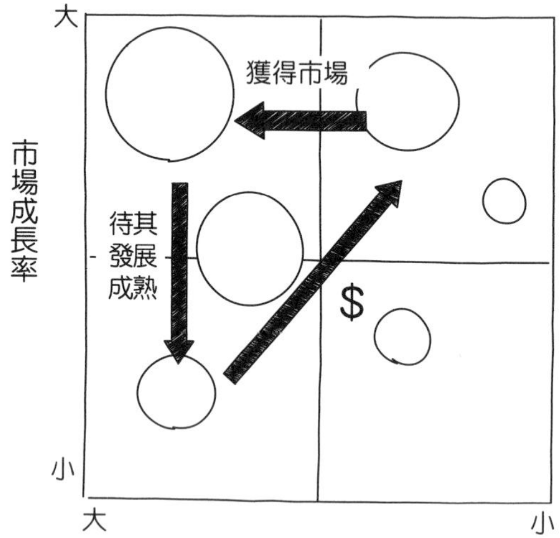

圖 60　PPM ③

4 能擴大發想的「田字圖」用法

「田字圖」的本質是以二維來思考，因此也可以靈活地擴充想像。這裡將介紹各位讀者兩個應用型技巧：「3×3的矩陣」和「輔助線帶來新創意」。

從「2×2」擴大至「3×3」，就能區隔

田字圖原本雖是2×2的矩陣，但也能擴大成3×3的矩陣（圖61）。3×3的話就會變成九宮格，這時還可以在九宮格中進行分組（就是圈起！）。這麼一來，既可以進行區隔，也能更縝密地思考優先順序，多了許多增添巧思的施力點（圖62）。此外，當然也可以畫成4×4、3×4等的矩陣。

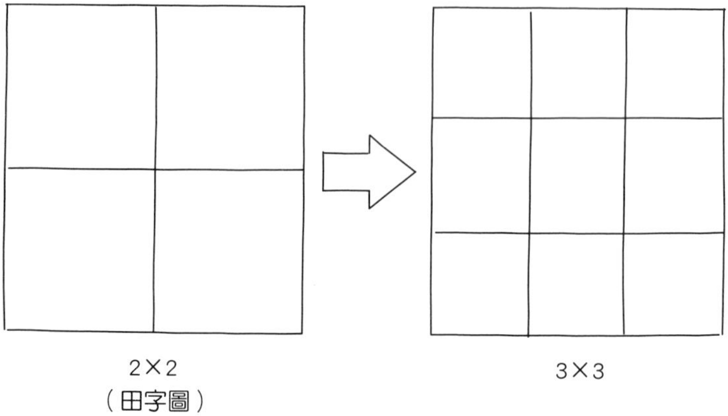

圖 61　從「2×2」擴張成「3×3」

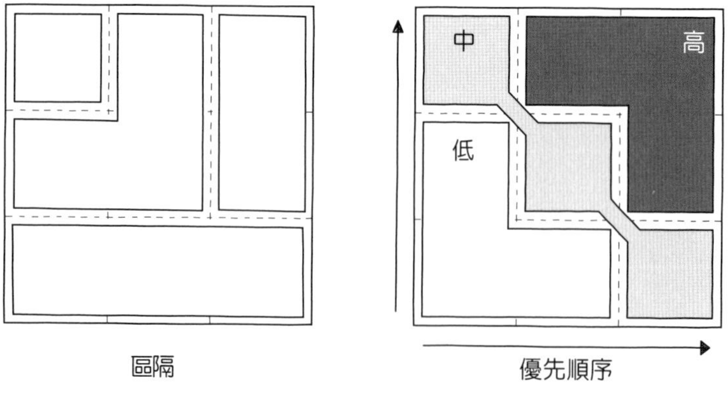

圖 62　利用「3×3」，增加自由度

正如第1章所述，在腦力激盪中激發新靈感時，縱軸和橫軸的矩陣也很適合用來當作思考的根基（圖63）。這就是熊彼得所說的「新結合」。擔任管顧時期，我們被要求每一格一定要提出一個以上的構想，大家就湊在一起，一邊痛苦、掙扎，一邊努力思考。當時的情景至今仍記憶猶新啊（苦笑）。

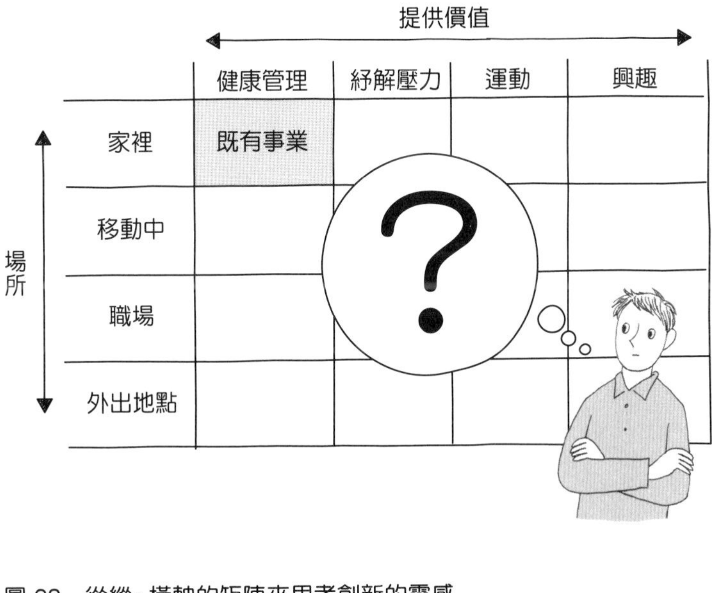

圖 63　從縱、橫軸的矩陣來思考創新的靈感

打入東南亞市場的策略

這裡跟各位介紹一個學生在碩士論文中的事例，他使用的就是「3×3」以上的矩陣。

該論文的主題是，他爲公司擬定打入東南亞市場的計畫。該企業擁有多條生產線，正打算打進整個東南亞地區的市場。

這名學生最初想到的假說是，根據每個國家的

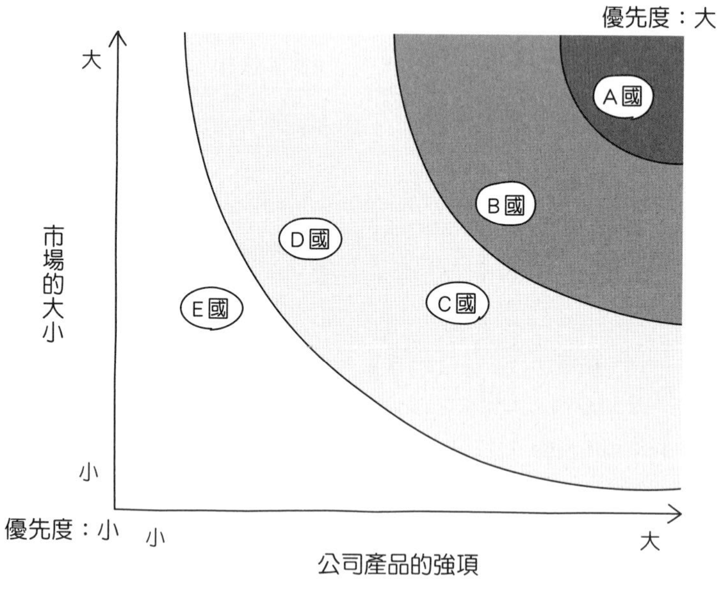

圖 64　打入東南亞市場的戰略 ①

市場大小與公司產品的強項，來決定優先順序，擬定打入各國市場的順序（圖64）。的確，這是從「強項」×「魅力度」延伸而來的構思，應該不會有錯。然而，對象是市場仍在成長及進化速度瞬息萬變的東南亞國各國。若考慮到這一點，當公司要打入優先度較低的D和E國的市場時，恐怕爲時已晚，市場早已飽和。此時，他重新思考公司擁有的多條生產線，描繪出的縱軸和橫軸分別是生產線及東南亞各國的矩陣。

如此一來就會清楚發現，不必局限於國家順序，還能以產品來思考順序（圖65）。原本的計畫是從左到右（圖66），但若以產品作爲切入點，就會察覺從上到下的方向性也是存在的（圖67）。

只要是3×3以上的矩陣，就能加以分組，做出市場區隔。這時候，更多選項浮上檯面，而且能更細緻地進入市場模式。最後，該名學生將此市場進入模式，當作碩士論文的結論，並向自己的公司提出該計畫。

首先，以高競爭力的產品①，同時打入A、B、C三國市場。其次，將在D和E國具有競爭力的產品③，提早進攻D、E國的市場。之後再將其他產品依序打入各國市場（圖68）。

這樣一來，任何一國都不會錯失進場時機。在A、B、C三國銷售產品①的經驗，也可以運用在D和E國上。反之亦然，而且還能期待產生加乘效果。（當然，在進入市場時，也必須討論經營資源和管理能力等課題。）

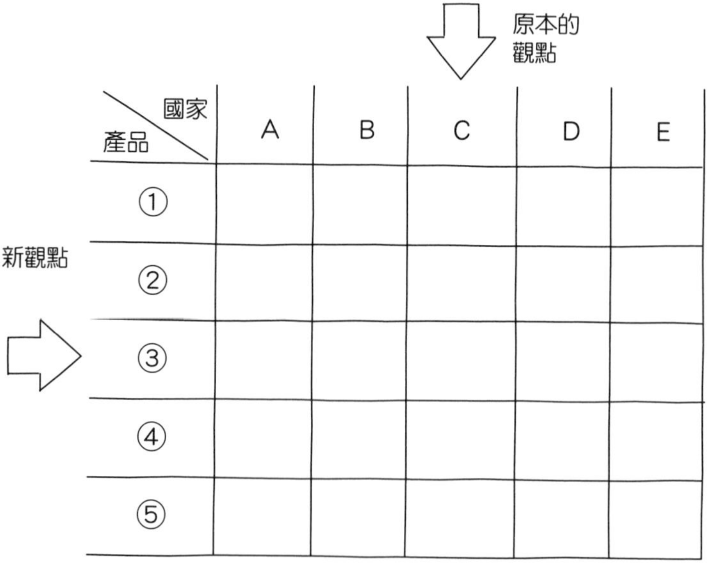

圖 65　打入東南亞市場的戰略 ②

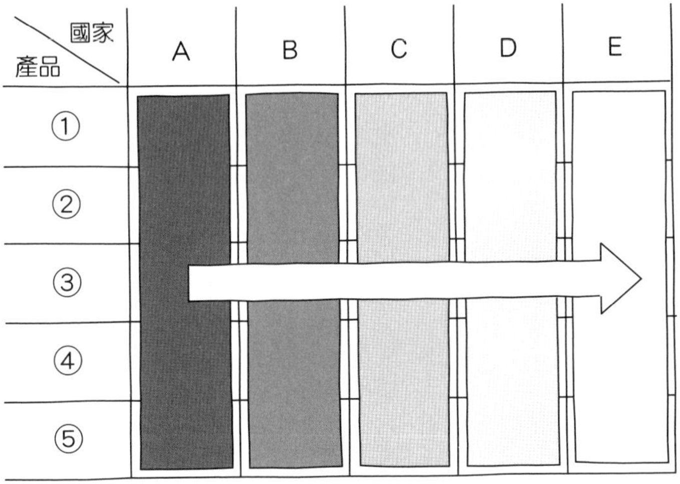

圖 66 打入東南亞市場的戰略 ③

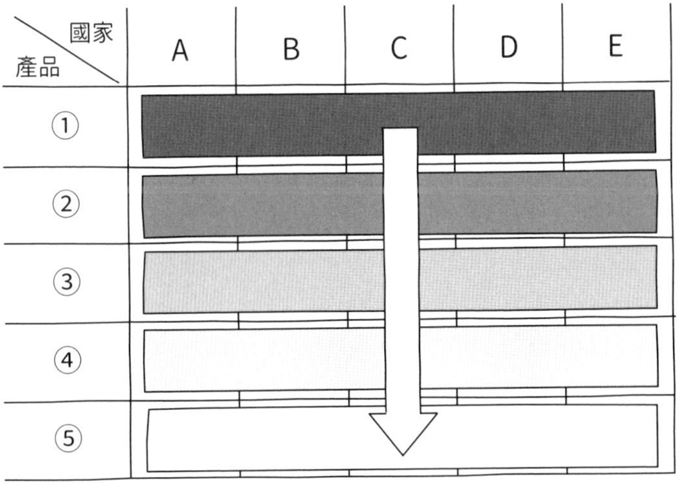

圖 67 打入東南亞市場的戰略 ④

在這個案例中，思考的切入點沒有受限於一般習慣的做法（在這裡是指「依國家」），透過提出「產品」這項新變數，因而能得到嶄新的「構想」。然後，答案的「自由度」就被擴大了。

如此一來，似乎還能進一步檢討各種進入市場的模式，例如圖69。利用產品①快速致勝（Quick Win，在較初期的階段取得小型的成功）。利用產品②建構事業基礎。接下來再根據優先度，

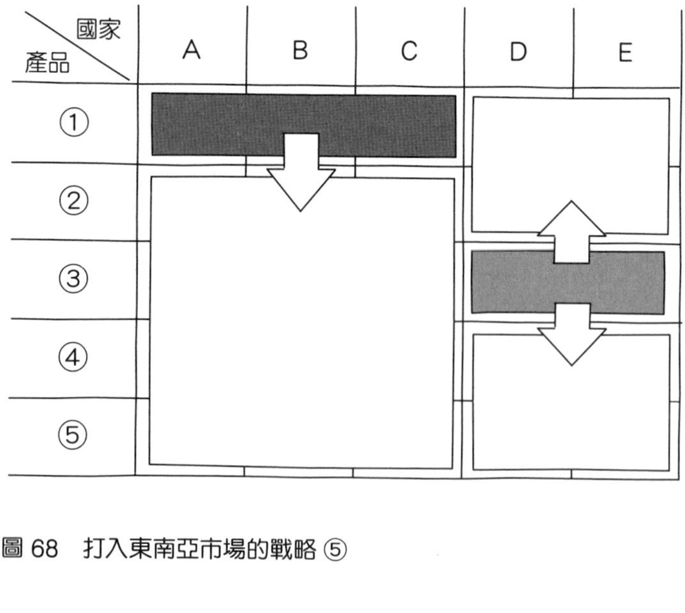

圖 68　打入東南亞市場的戰略 ⑤

在各國擴大事業。最後就會推導出一個看起來很酷的混合戰略。

「輔助線」帶來新創意

接下來是我在某次管顧專案中發生的經驗。我因爲在田字圖畫上「輔助線」，而成功解決問題的事例。我在那個專案中，爲客戶企業A公司摸索他們該成立什麼新事業。我透過各種要素，包括市場大小（魅力度大

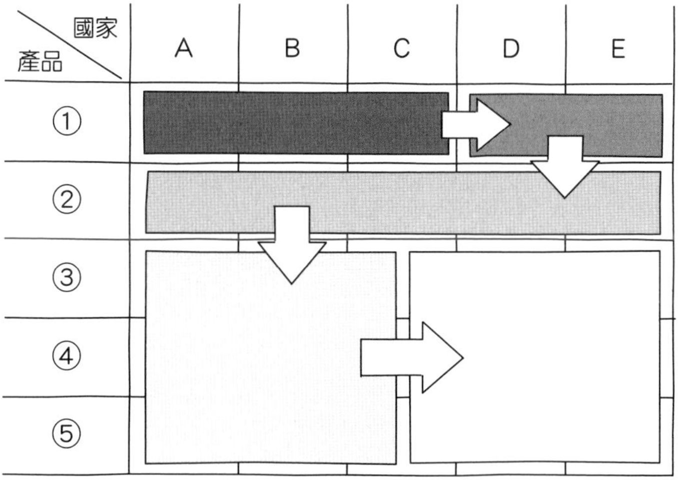

圖 69 打入東南亞市場的戰略 ⑥

小）、技術難易度（附加價值大小）等等，試圖找出一個有商機的新事業（圖70）。然而，尋覓過程卻不太順利。

我在紙上想到什麼就寫什麼，不斷試錯。當我無意間在圖上畫出一條斜線時，靈感突然從天而降。我心想：「啊，商機就在這裡！」

一般來說，我們會注視著圖70田字圖的右上方，因爲那一區是既有魅

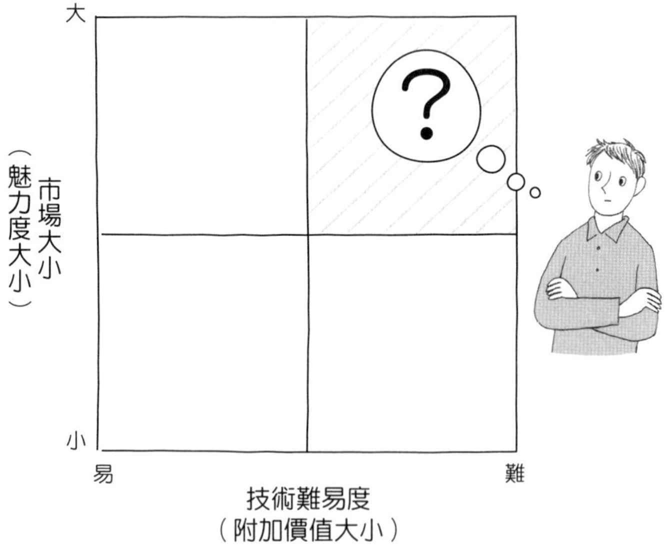

圖 70　摸索新事業 ①

力、優先度又高的地方。因此，我下意識地想在右上方的**地帶**中，找出具有魅力的事業。但這個做法似乎不甚理想。因爲，商機最後出現在我無意間畫下的**斜線附近**。畫出斜線後，我又進一步地思考縱軸和橫軸應該是什麼。我最後找到以下的答案：橫軸是對顧客（換言之，就是我的客戶 A 公司的顧客）的重要性；縱軸則是那件要事與顧客的其他任務，必須是高度相關的。

這麼一來，右上方的事，顧客會自行解決（或者非自己做不可）。對外部的企業，包括 A 公司來說，這部分是無法形成商機的。相反地，左下方的事，因爲對顧客而言不重要，所以就算外部想包辦這些工作，也賺不到什麼錢。換言之，斜線附近才是企業應該看準的目標（圖71）。

隨著技術不斷革新、環境日益變化，這條「斜線」也會從左下開始向右上移動。這時候就會出現商機。這就是我所發現的狀況（圖72）。客戶企業 A 公司是機械零件的製造商，又採取 B2B 商業模式，當作實例不太容易理解，因此我就置換成我們身邊常見的茶水和便當來說明。

過去，自己泡茶喝是理所當然的事。此外，便當的菜色從頭到尾由母親自

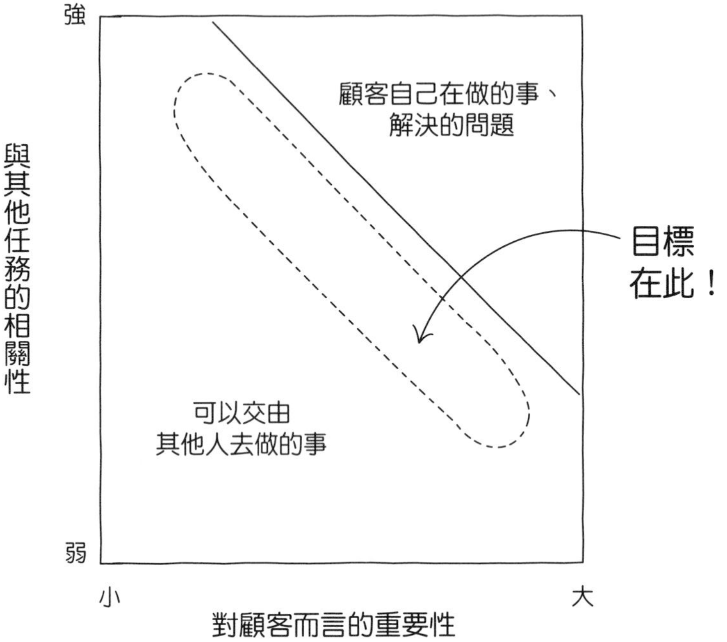
強
弱
小
大
與其他任務的相關性
對顧客而言的重要性
顧客自己在做的事、
解決的問題
目標
在此！
可以交由
其他人去做的事

圖 71　摸索新事業 ②

行烹調，也是再自然不過的事。但時代變化快速，女性也開始在職場工作後，就愈來愈難抽出時間做家事。另一方面，隨著技術的日新月異，罐裝茶也變得愈來愈好喝，冷凍食品的品質也不斷提升。於是，也開始有人選擇購買罐裝茶或冷凍食品，代替自己沖泡、烹調。再者，茶水和便當的菜色，只要買來就可以直接運用在生活裡，或直接裝進便當裡，與其他家事或其他製作便當的步驟關聯性不高。當愈來愈多人開始購買罐裝茶、冷凍食品時，市場就會擴大，種類也會愈來愈豐富。這裡就會出現有魅力的商機。用文字描述不太好懂，但畫成圖像，就可以用圖73簡單表現。罐裝茶和冷凍食品成爲巨大的商機，右上方的焦點則會逐漸轉向「與朋友在家中聚會，泡好喝的花草茶請大家喝」「讓便當在視覺上更加精緻」等的高附加價值——（或許有人不認同）的工作。

再把故事拉回到專案的例子上。我也是利用類似圖72的圖像，與客戶企業進行討論，從中抽取出幾項前景看好的新事業，最後專案也成功落幕。

這正是田字圖，加上一條「輔助線」就能解決問題的例子。

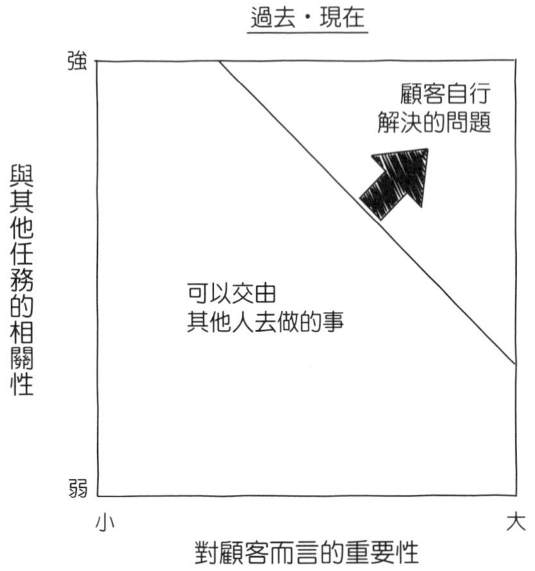
過去・現在
強
弱
與其他任務的相關性
顧客自行
解決的問題
可以交由
其他人去做的事
小
大
對顧客而言的重要性

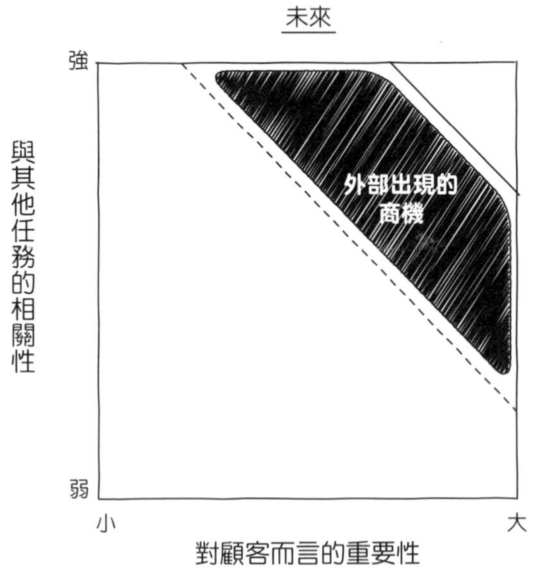
未來
強
弱
與其他任務的相關性
外部出現的
商機
小
大
對顧客而言的重要性

圖 72　摸索新事業 ③

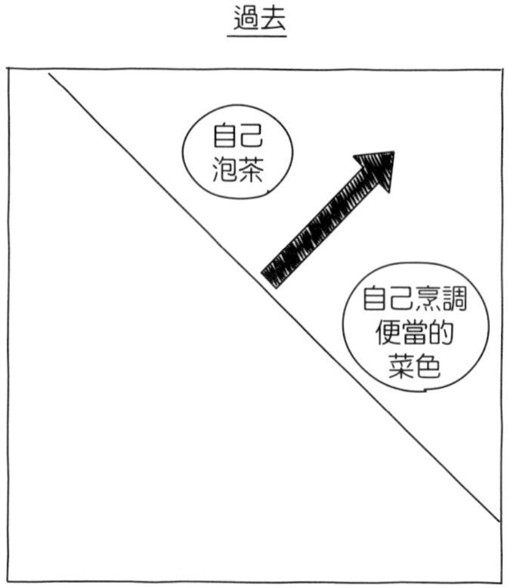

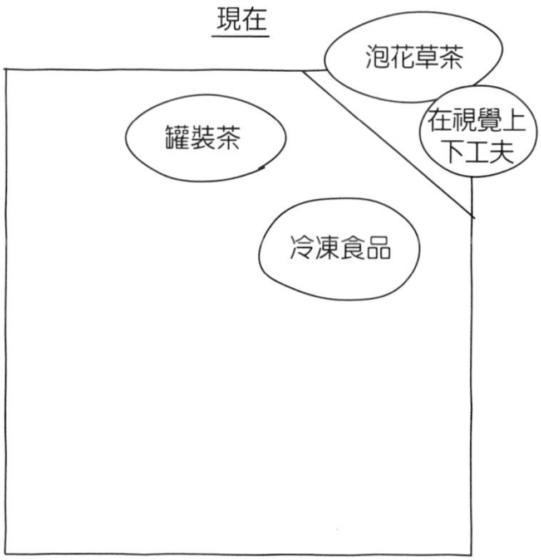

圖 73　摸索新事業 ④

5 其實「田字圖」和「金字塔圖」一樣

看穿邏輯結構的同質性

這裡想跟各位聊一個話題，而這幾乎就是「圖像思考」的精髓：事實上，**形狀各異的圖像背後，都蘊含著「本質相同的邏輯」**。

反過來說就是，我們爲了挖掘出深處所蘊含的邏輯，而使用各式各樣的圖像思考；正因我們使用了各式各樣的圖像，才能讓深處蘊含的邏輯浮出水面。

這樣講不太容易理解吧？那就用「田字圖」和「金字塔圖」爲例，跟大家說明。其實「田字圖」和「金字塔圖」具有相同的邏輯結構，「金字塔圖可以用田字圖來呈現」，相反地，「田字圖也可以用金字塔圖來呈現」。

舉例來說，假設我們爲了做市場區隔，而畫了如同圖74的田字圖。切入點是性別和年齡。但這個田字圖也能以圖75的金字塔圖呈現！（男女和年齡的順序當然也可以改變。）

假設現在我們又覺得，男性不以年齡，而是以已婚和未婚來分類比較好。此時，金字塔圖就會變成像圖76上方的圖。若將其轉換回「田字圖」，

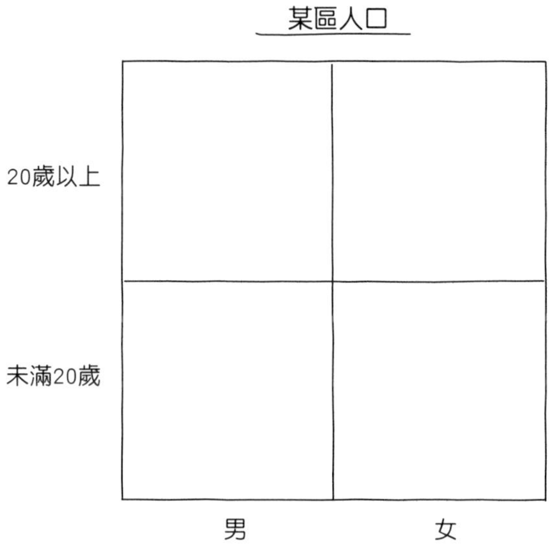

圖 74　田字圖

就會成爲圖76下方的圖。

或許有人會想說：「咦？這個田字圖看起來怪怪的耶……」但其實這正是它的美妙之處，因爲分類男性的切入點和分類女性的切入點不同，卻以相同的方式並列時，會造成邏輯上有些許偏誤。從這一點來看，或許也可再縱向分類已婚、未婚（但這麼一來就不是田字圖了……）。

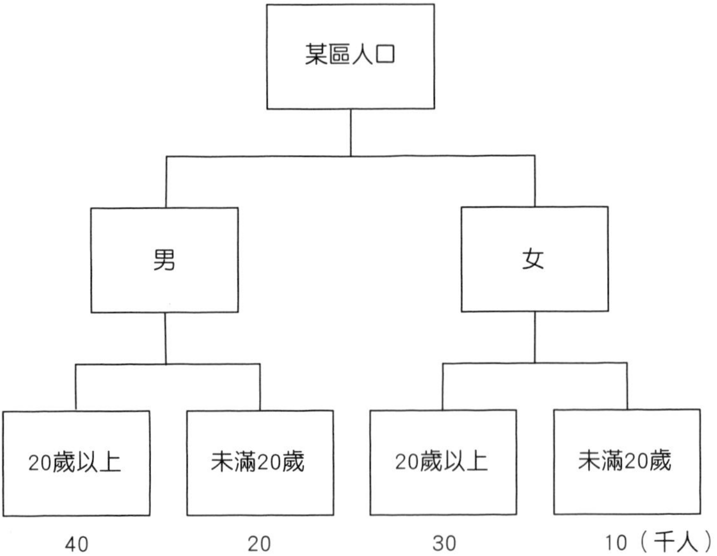

圖 75　金字塔圖

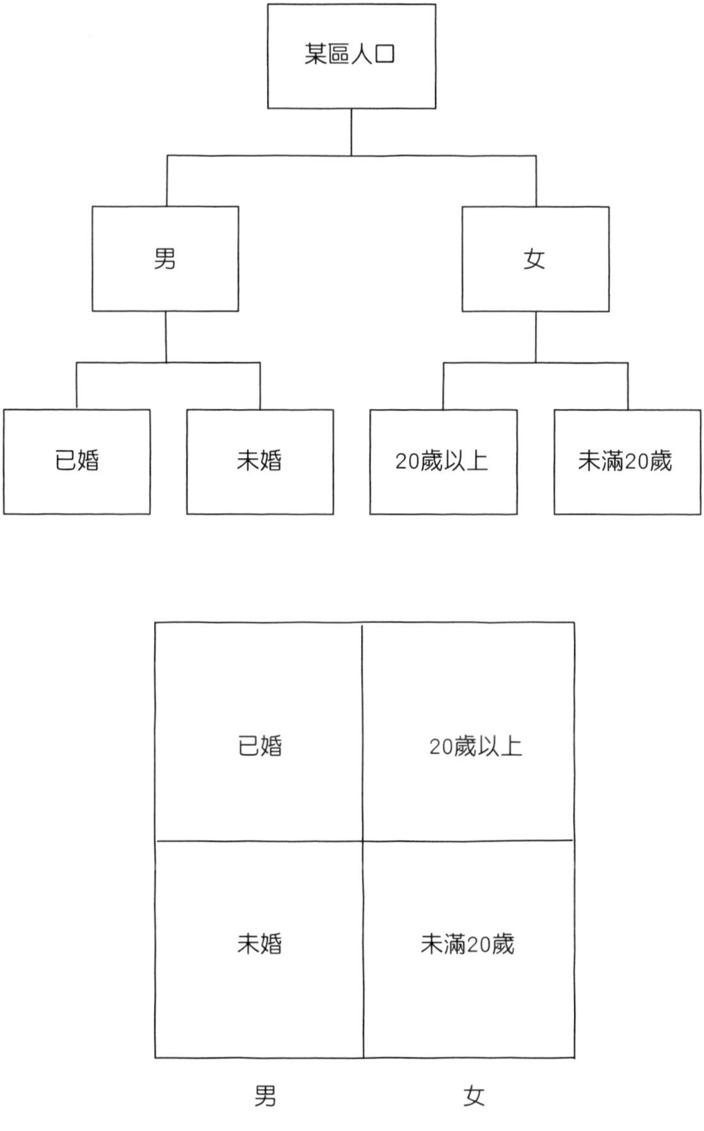

圖 76　田字圖與金字塔圖

現在，我們再導入「面積圖」。

面積圖可說是田字圖的應用版，這種圖是利用面積來表示某個事物（比方說人口或營業額）的總體量。回到最初的性別和年齡的田字圖（圖74），假設我們知道每個分類的人口數字，那就能畫出如同圖77的面積圖。事實上，**「田字圖」「金字塔圖」和「面積圖」，只是同一種邏輯結構的不同表現方式**。當我們能自在地使用各種圖像時，就意謂著自己可以動用各式各樣的武器，揭開事物的本質。

多層「田字圖」與金字塔圖

接著，讓我們再進一步用田字圖的組合，來深化邏輯結構。

田字圖還可以再分解成其他的田字圖。光聽這樣的描述，可能很難想像，請各位參考圖78。大型田字圖的縱軸是「市場魅力度」，我們可將其分解、定義成小型田字圖的「市場規模」與「市場成長性」。要留意箭頭的方向。此圖最具魅力的是，在規模和成長性二者皆大之處；魅力度中等的，是在其中一項較大之處；魅力度小的，是在兩者皆小之處。橫軸是公司自身的強項，同理可證也可分解出小型田字圖。

那麼，這樣的圖要如何轉換成金字塔圖？請見圖79。各位看完應該就能理解到田字圖與金字塔圖具有相同的邏輯結構。

這裡我不會再更進一步細分了，但田字圖可以不斷

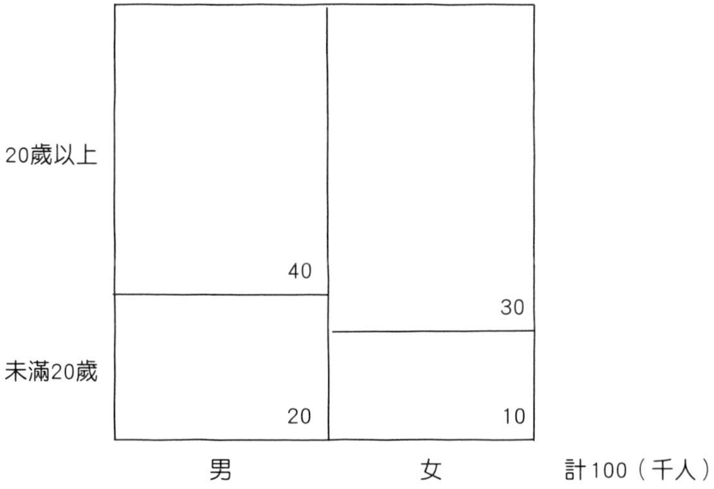

圖 77　面積圖

分解成更小的田字圖，就像俄羅斯娃娃一般。而當我們分解得愈細時，邏輯結構也會愈來愈深化（也就是金字塔圖的層級會愈來愈多，圖79）。各位不覺得很有趣嗎？（雖然當我這樣說時，常常會被當成怪人看……）

事實上，這個「市場魅力度」×「公司自身的強項」的金字塔圖，與先前的性別與年齡的金字塔之間，有著巨大的差

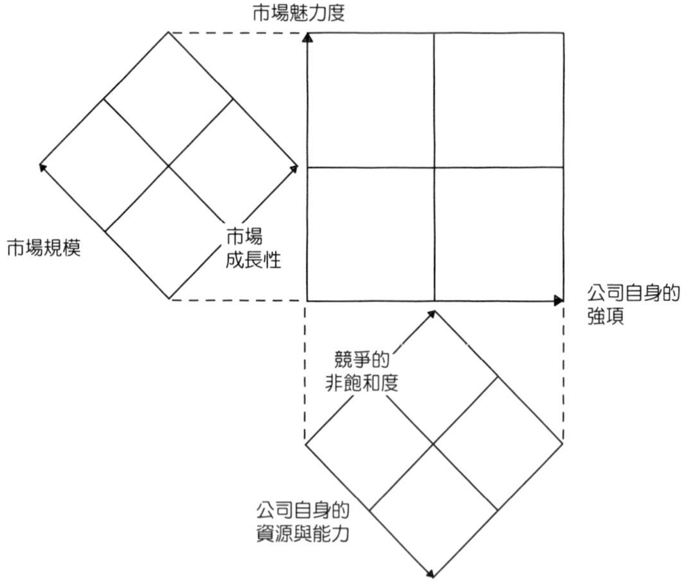

圖 78　多層「田字圖」

異。其相異點就是，男女與年齡的金字塔圖是**使用「加法」的邏輯**，而這次的金字塔圖則是使用**「乘法」的邏輯**（因爲是兩個異質的要素，所以比較難想到「加法」吧）。

我經常在企業培訓中，負責「邏輯思維」的講座。在觀察學員時，我發現不少人被局限在「加法」的邏輯中，可能是因爲這是最簡單易懂的邏輯吧。但若是忽略了「乘法」的邏輯，可以聯想的空間就少了一半，十分可惜。所以請大家兩種邏輯都要記得嘗試看看。

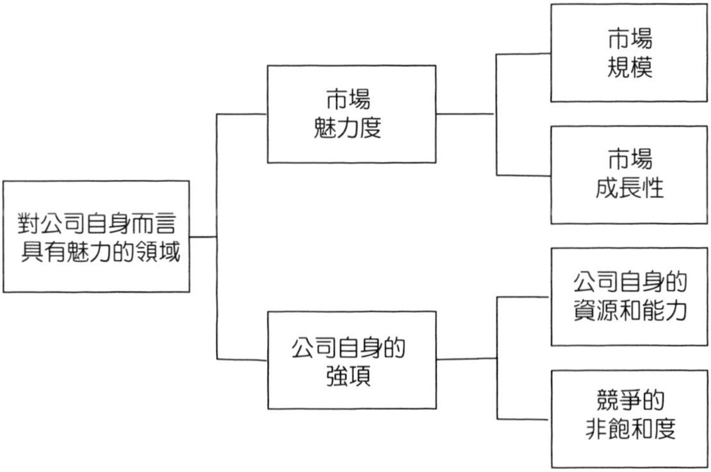

圖 79　以金字塔圖呈現相同內容的話……

COLUMN

PPM至今仍然有用嗎？

我將在這篇文章中，說明改變我職涯的PPM。大家可能會質疑這是個五十年前就已出現的概念，至今仍有使用的價值嗎？

當然，PPM存在著幾項課題。首先，第一項是「定義坐標軸」。PPM中，橫軸是相對市占率；縱軸是市場成長率。這樣的坐標軸之所以有效，是因爲過去的世界正處於高度成長期。在高度成長期中，成長的市場才具魅力，市占率高則代表自身的成本競爭力高，這樣的事業大部分都很有發展性。換言之，我們可以更確切地定義坐標軸：縱軸設爲「對方的魅力度」，橫軸則訂爲「自己的強項」。

然而，今日多數已開發國家的市場皆已成熟，已無法將市場的成長率直接視爲市場的魅力度。再者，光靠市占率也無法說明公司自身的強項。換言之，想要運用PPM的思考方式，就必須重新思考該取什麼作爲縱軸與橫軸。

除此之外，PPM還有一項更大的弱點。

讓我們試著以一個簡單的例子「如何提高英文分數」來思考。比方說，假設我們現有的單字能力只能填寫克漏字測驗，但還無法寫英文作文。

當然也可以直接拚命練習書寫英文作文，但單憑單字能力是很難提升的，還是需要鍛鍊造句能力。如此一來，就不應該直接練習寫英文作文，而是應該先鍛鍊寫

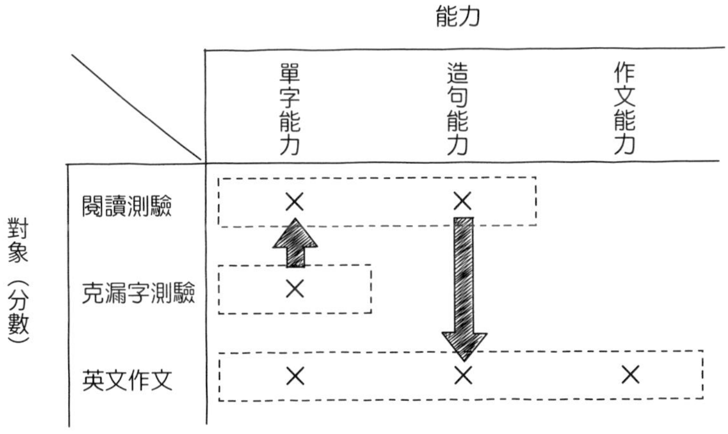

圖 80 以 PPM 分析英文的學習方法

閱讀測驗。透過閱讀測驗、鍛鍊造句能力後，才開始挑戰英文作文。這樣做比較有效率。以圖像呈現，就會如同圖80。換言之，就是根據目前擁有什麼能力（單字能力、造句能力、作文能力），決定應該如何運用加乘效果來做哪些事（閱讀測驗、克漏字測驗、英文作文測驗）。

這是管理策略理論中所說的資源—產品矩陣（Resource-Product Matrix，RPM）的思考方式。將焦點放在企業所擁有的資源和能力，從而思考該發展什麼樣的事業與產品。事實上，PPM是將重點放在「外部」市場、市占率之上，並沒有明確地討論「內部」公司自身的資源和能力。

雖說PPM在使用上具有這些重大課題，但我認爲其基本的出發點，也就是「如何發揮公司自身的強項」×「市場是否具有魅力」的思考觀點，並未隨著時間而褪色。

第 5 章

可使用的模型③：箭形圖

本章的「箭形圖」和下一章的「迴圈圖」，是用來呈現出「動作」，與前面兩種模型不同。「箭形圖」不只能捕捉現象與現象的關聯性，還能呈現出其連續性，因此可用來釐清流程，甚至蘊含著創造巨大變化的力量。

1 這個世界是由輸入與輸出系統組成

聚焦動態面向的「箭形圖」

第五章要介紹的是「箭形圖」。

世上絕大多數的事物，都具有「**系統**」的特徵，也就是會先裝入什麼，再吐出某些東西。無論是生物、企業、家庭或地球，都是先有輸入，才能輸出。世界無時無刻都在活動，十分具有「**動態性**」。

因此，我們不能缺少動態性的思考觀點。但是，在第3章和第4章所說明的金字塔圖與田字圖，都是偏向於「靜態性」的。順帶一提，設定「時間」爲橫軸的話（例如「關東煮圖」），雖然也可說是動態性的，但仍舊無法直接處

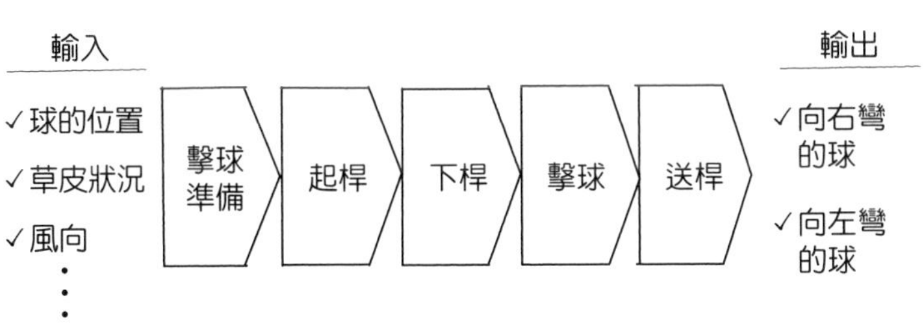

圖 81 以箭形圖來描述高爾夫球的揮桿……

理事物與資訊的動態。

因此出現了「箭形圖」，箭形圖是最適合用來捕捉動態的活動。

我最近開始打高爾夫球，高爾夫球的揮桿動作，也可以用箭形圖來捕捉。首先是把握狀況，根據接收到的資訊做好擊球準備（擺好姿勢），然後起桿、下桿、擊球、送桿。以我個人而言，總之最後產出的動作，不是向左彎曲就是向右彎曲的球（笑）（圖81）。所以我在這個箭形圖中，一定有某處（或者全部）是錯誤的。若能順著箭形圖，找出問題點並加以修正，球應該就會筆直飛出了（總有一天一定可以的……）。

像這種與動態活動有關的問題，用「田字圖」或「金字塔圖」都難以處理，因此就是「箭形圖」發揮功力的時刻了。

改變「箭形圖」的主幹就會產生變化

當箭形圖的「結構」大幅改變時，就會產生強大的變化。比方說，無論是時鐘也好、槍枝也罷，讓我們來思考看看製作某項產品的流程。

假設這個產品是由一百個零件所組成。過去是由工匠一個零件一個零件手工組裝而成。如果組合到第九十個零件時，因爲受到干擾而中斷，零件就有可能變得七零八落，而需要從頭開始組裝。這是一種非常沒有效率的流程。

因此，假設我們先把一百個零件，分成由二十個零件組成的五個「模組」，那麼接著，我們只要把那五個模組組合起來，就

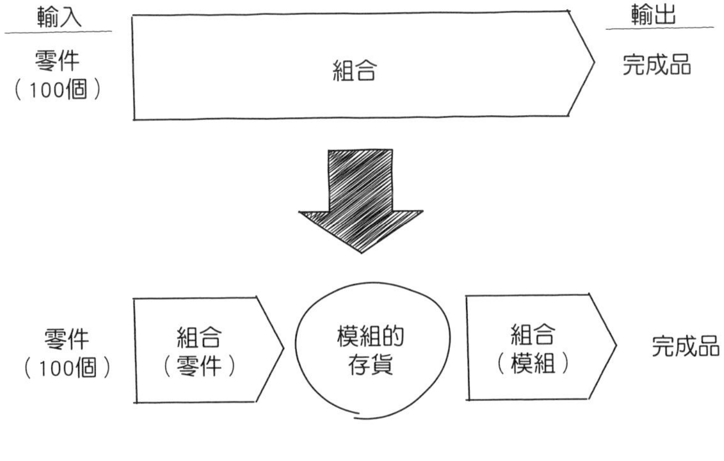

圖 82　用箭形圖思考工業革命 ①

能完成最終產品。如此一來，即使途中受到干擾，也不用全部從頭開始。而且，模組既可以先製作起來存放，又能分工進行（圖82）。這就是發生在二十世紀初大量生產的工業革命。

接下來的世界又會繼續改變，許多人不再想要購買相同的產品，而希望擁有符合各自需求的不同產品。近來3D列印也逐漸實用化。

如此一來，圖82的箭形圖又會再大幅改變吧。零件

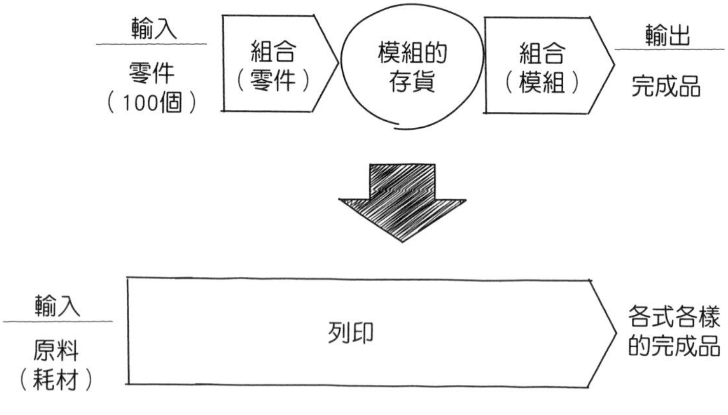

圖 83　用箭形圖思考工業革命 ②

消失，輸入的是 3D 列印原料的耗材。箭形圖變成只有一個寫著「列印」的箭形格子（圖83）。屆時一定會對社會造成翻天覆地的影響吧。

產品不是由工廠製作，而是在家中就能列印。物流也會大大改變，不再有零件與產品的保管。也許這麼說聽起來很科幻，但未來的社會有可能在大都市的近郊，興建起原料耗材的儲藏庫，並用輸送管線送至家家戶戶，變成現在我們所難以想像的光景。

2 「箭形圖」該如何看？怎麼使用？

觀察「箭形圖」的三個思考觀點

正如前述，箭形圖不僅適合捕捉動態活動，還能透過「改動」箭形格，加深我們的理解，進而解決問題或創造出新的可能。

當我們使用箭形圖時，有以下三個思考觀點派得上用場。

- **Fix**（修正某個箭形格）
- **Balance**（調整箭形格之間）
- **Re-organize**（重塑箭形格，像是透過統整、刪除、反轉等）

當然，若能進行 Re-organize 的話，影響力最大。比方說，最近亞馬遜的倉庫作業就讓我醍醐灌頂。亞馬遜對於他們入庫的商品，似乎不會根據類別分類。漫畫書旁邊可能擺著商業書，東一本西一本，毫無規則可循。大家可能會想說，這樣找書一定很辛苦吧，但因爲保管的位置和商品全都以條碼管理，所以找商品十分簡單。

仔細思考便會發現，這是非常合乎邏輯的。反正顧客的訂單也是東一本西一本，只要位置和商品有

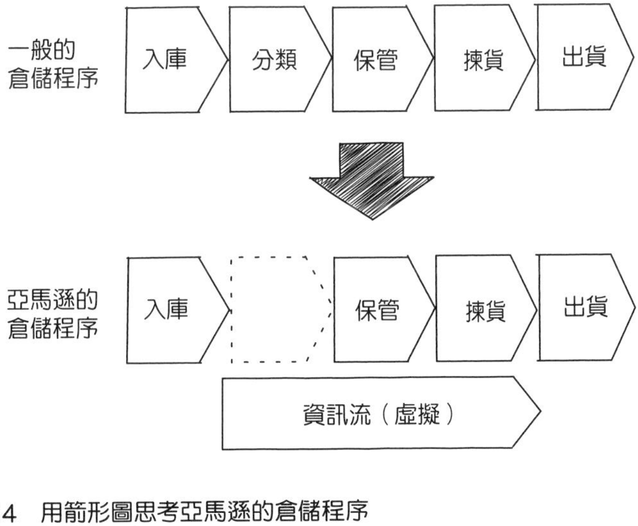

圖 84　用箭形圖思考亞馬遜的倉儲程序

資訊連結，就沒有必要分類保管。

也就是說，亞馬遜「刪除」了分類作業，而提升了效率（圖84）。更進一步也可說是，亞馬遜先將實體商品和虛擬資訊加以切割，再 Re-organize 作業程序了。

肯亞的小本經營雜貨店

再介紹另一個使用「箭形圖」來捕捉結構變化，加深理解的事例。我的專題討論課裡，有一個來自肯亞的學生，他曾經告訴我一件十分有趣的事。他說：**「在肯亞，亞馬遜等的電商平台崛起的同時，地方上的小型雜貨店的營收也愈來愈好。」**聽他這麼一說，我腦中立刻浮現了「啥」和三個「問號」。

因爲，我以爲當亞馬遜這類電商平台進入市場後，小型雜貨店應該會被淘汰才對。我腦中浮現的是如同圖85的狀況。在這個圖中，雜貨店被亞馬遜取代而消失。

我聽完學生的解釋後，才恍然大悟。會發生圖85的前提是，當消費者的網路環境（或者物流）十分健全的情況，才能成立。但據說肯亞鄉間的網路環境還未完全建立，很少有消費者會直接在網路上購物。更多的情況是，雜貨店透過亞馬遜批貨，再經由店面賣給消費者（圖86）。順帶一提，二〇一七年的網路普及率資料，日本是九〇%，肯亞則是八〇%。也就是說，我因爲習慣於日本的情況，而陷入「狹隘的視野」中。

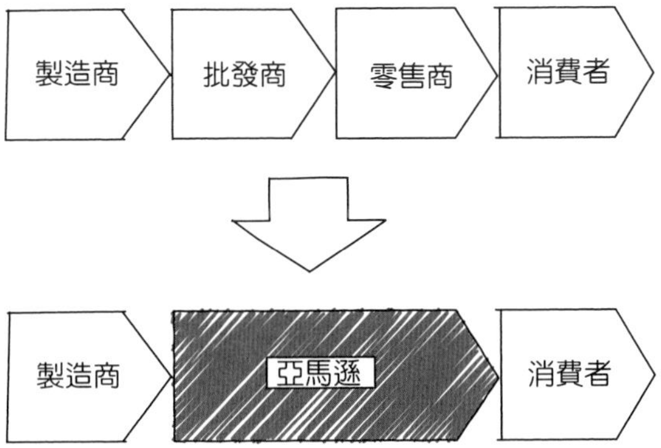

圖 85　用箭形圖思考肯亞的通路結構 ①

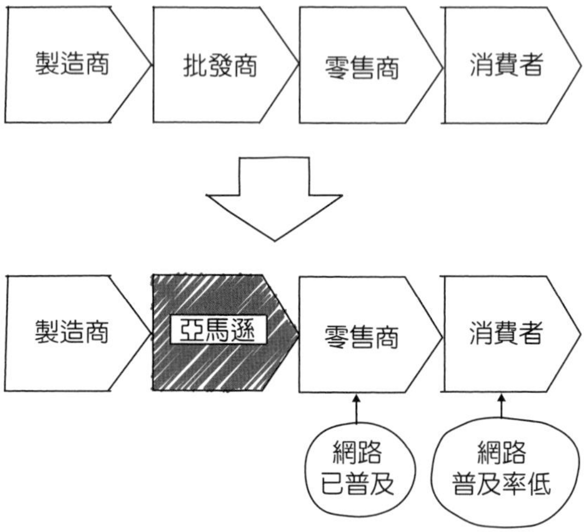

圖 86　用箭形圖思考肯亞的通路結構 ②

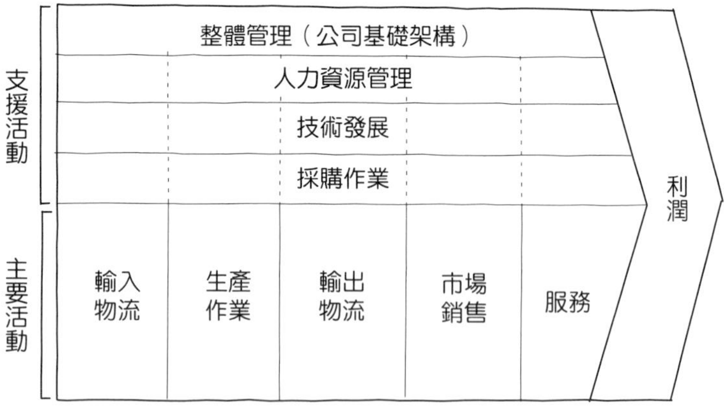

圖 87　價值鏈

出處：參考麥可·波特《競爭優勢》

不過，我們馬上就能察覺，在肯亞這種小本經營的雜貨店，前途絕非一片光明。當個人的網路普及率提高，物流基礎建設完備之後，最後情況還是會變得像圖85一樣。

用箭形圖表示企業活動的「價值鏈」

箭形圖是效果絕佳的模型，在管理策略理論上，我們也經常用它來嘗試捕捉企業活動。

這樣的箭形圖稱為價值鏈，由管理學家麥可．波特所提出。這是用來呈現出企業創造附加價值的整個事業活動（圖87）。

我們可以在框架中，分析企業的價值創造活動在哪個環節出現問題。

3 以二維平面來思考一維的「箭形圖」

現在我們可以知道，光是改動箭形圖的「箭形格本身」，就能深化我們的思考。然而這種箭形圖卻仍只是一維的圖像。

既然是圖像思考，我們還是希望能用上縱軸與橫軸，進行「二維」的思考。

因此，接下來就要來談談如何使用箭形圖進行二維思考。

步驟①：歸納出五至六個有意義的格子

首先要做的第一步是，畫出五到六個的箭形格。

區分出大方向的行動或活動，形成有意義的歸納或類別，再從左到右（或從上到下）排列出來。例如，「騰出學習英文的時間」的圖18（參考第82頁），就是將早上起床到晚上睡前的所有行動「區塊」，順著時間軸區分出來。

我們也可以將到達某個狀態的路徑，用箭形圖呈現出來。

比方說，購入某商品前，我們會先經過幾個階段。首先，我們若「不知道」該商品，就不可能購買它。但只是知道這個商品，也沒有興趣，不覺得它是個好商品，我們也不會消費。接著，通常我們買東西會比較。此一商品至少要在比較時，讓我們感到想花錢，不然也不會下單。最後，我們還得進行實際的購買「行爲」。

這一連串的消費行爲若寫成文字，就會變得如此冗長，但畫成圖像就能如同圖88般簡單呈現。這是行

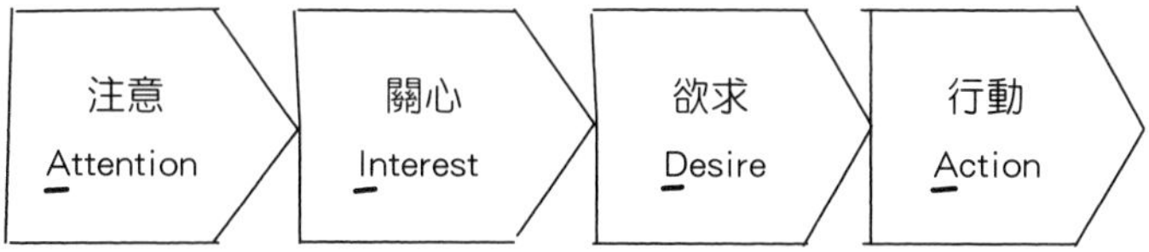

圖 88　AIDA ①

銷中一個十分有名的理論框架，稱爲AIDA，是用來解釋消費者的行動模式。光是將箭形格排列起來，就能形成著名的理論框架，這也能讓我們體會到箭形圖的價值。

步驟②：以箭形圖為橫軸並設定出縱軸

畫好箭形圖後，接下來是思考縱軸爲何。

以圖18而言，箭形圖能呈現從早到晚的活動，縱軸則是列舉了英文的學習內容。如此我們就能看出要怎麼做，才能有效地輸出，也就是得到提升英文成績的結果（參考第82頁、圖19）。

以前述的AIDA而言，縱軸可取顧客人數，從市場的總人數，到願意購買的人數，畫出如同瀑布般的圖（瀑布圖），就能清楚看出顧客是在哪個環節流失的（我們稱之爲流失分析）（圖89）。像這樣將此種箭形圖，搭配上另一個坐標軸，就能幫助我們產生更多想法。那麼如何才能想出縱軸應該設什麼呢？其實和第 3 章「金字塔圖」中提到的一樣，要用「唱反調的眼光」來思考。尤其從九十度側面思考，應該是最佳的切入點。針對選出箭形格所用的觀點，思考**「與其對立、垂直相交或異質性的坐標軸有哪些」**。比方說：

・以學習英文而言，一天的行程（時間）→學習內容的類別（內容）
・以 AIDA 而言，顧客的認知階段（質性）→顧客人數（量性）

步驟③：聚焦於變形變化、關聯性、因果方向、動力關係

接下來，就是要學會怎麼觀看，箭形圖和另一個坐標軸所組成的二維平面。一言以蔽之，就是**要以「動態性」的視角觀看**。箭形圖的出發點原本就是動態的，因此在看二維的圖像時，「動態性」的發想也會爲我們帶來幫助。回顧本章所介紹的幾個圖像，就會浮現下列幾個關鍵詞。

・**變形、變化**：指箭形圖形狀上的改變。（例）肯亞的雜貨店、亞馬遜倉儲

・**關聯性**：發現影響力強大之處。（例）AIDA流失分析

・**因果方向**：了解複雜性、非效率性之處。（例）BPR（將在下一節中說明）

・**動力關係**：理解變化的方向性與動能。（例）產業價值鏈（將在下一節中說明）

這些思考觀點都是「動態性」的，而非「靜態性」。用這些思考觀點注視圖像，將能爲解決方案理出頭緒。

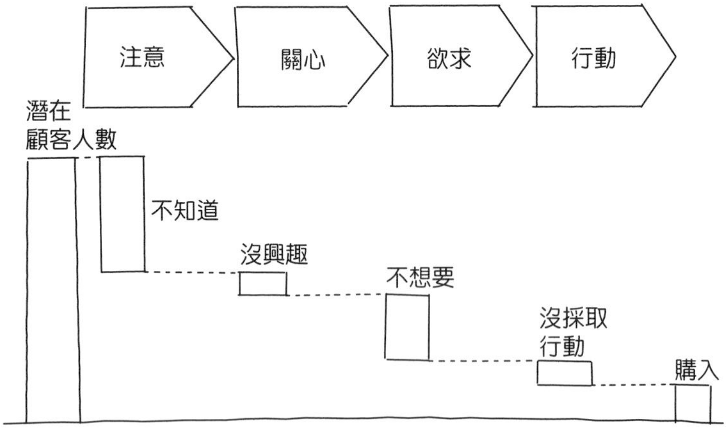

圖 89　AIDA ②

4 將「箭形圖」應用在各種商務情境中

運用於企業活動的效率化

舉例來說，若使用前述、以箭形圖呈現企業活動的「價值鏈」，就能看出提升價值、刪減成本等的因應之道。縱軸設定爲業務的流程，橫軸則取組織的階層、部門，再將任務加以整理，就能看出業務上的多餘浪費。這就是流行一時的企業流程再造（Business Process Re-engineering, BPR），換言之，這是使用資訊技術，重新檢視商業流程時，經常會畫的圖（圖90）。

表中向左或向右的箭頭較多之處，就是需要重新審視業務和組織的地方。這樣就能一清二楚，能直覺地看出什麼地方需要調整。或者，沿著價值鏈，畫

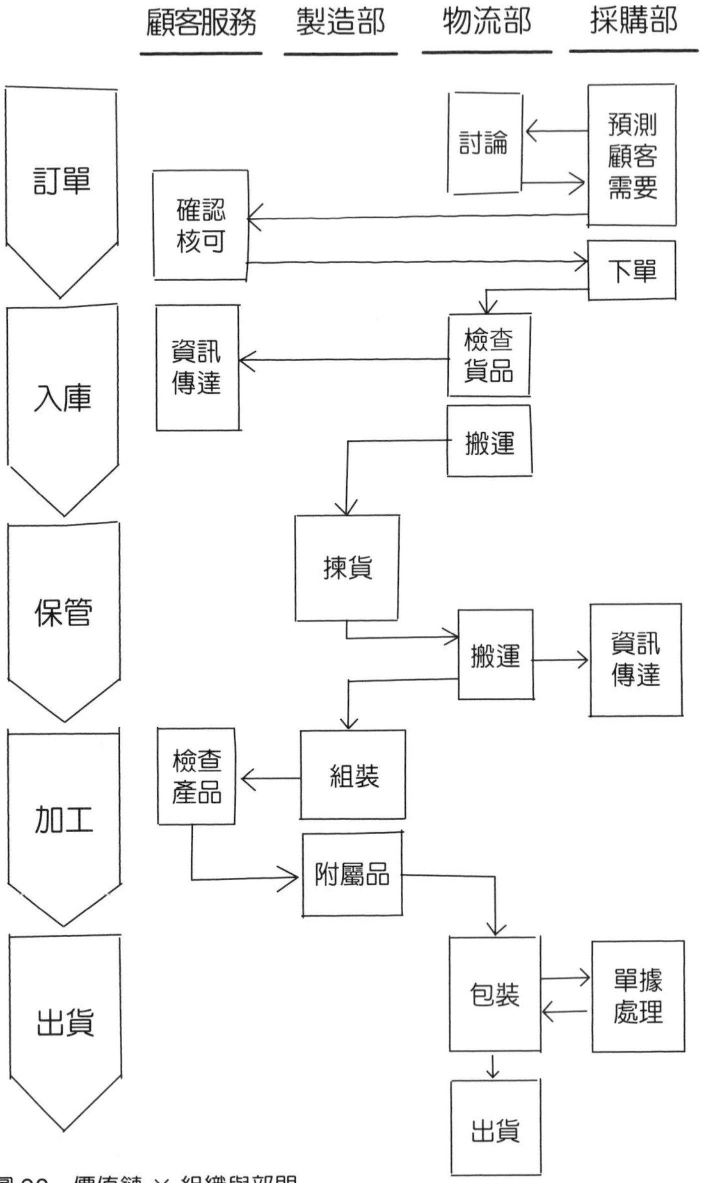

圖 90　價值鏈 × 組織與部門

出每個箭形格所需的費用和創造的利潤（如同瀑布圖）（圖91）。這時，我們就能輕而易舉地看出，企業活動中是哪個環節創造出了價值（這正是取名爲價值鏈的原因）。

配合應該思考的課題，找出一個與橫軸流程切入點不同的縱軸（也可以將縱軸與橫軸對調），並在圖像上思考，這麼一來，原本霧裡看花的狀況，就能變得簡明扼要。

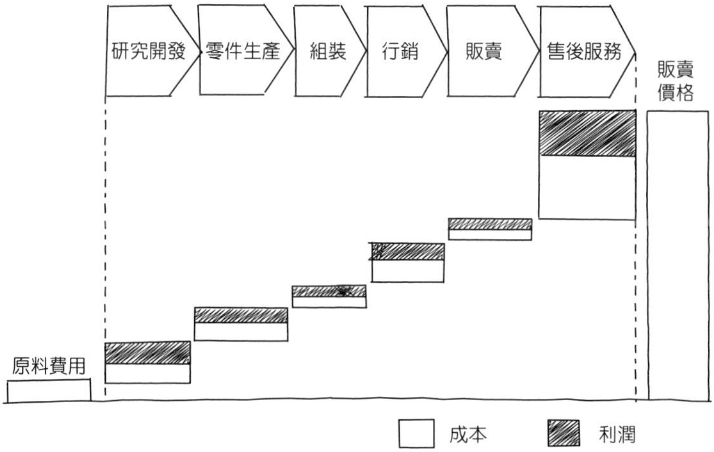

圖 91　價值鏈 × 成本與利潤

還能拓展至整個產業。

五力其實是價值的流向

這個名爲價值鏈的思考方式，還能拓展至整個產業。

五力（Five Forces, 5F）是管理策略理論中一個著名的理論框架（圖92）。五力是針對五項主要因素（買方、供應商、新進業者、替代品、同業競爭）進行分析，藉以釐清該業界是否有利可圖，並檢討策略。其圖形看起來十分獨特，但仔細觀察會發現，圖中具有「流向」，其實它是以箭形圖爲基礎發展出的圖形。中間那排格子，由左

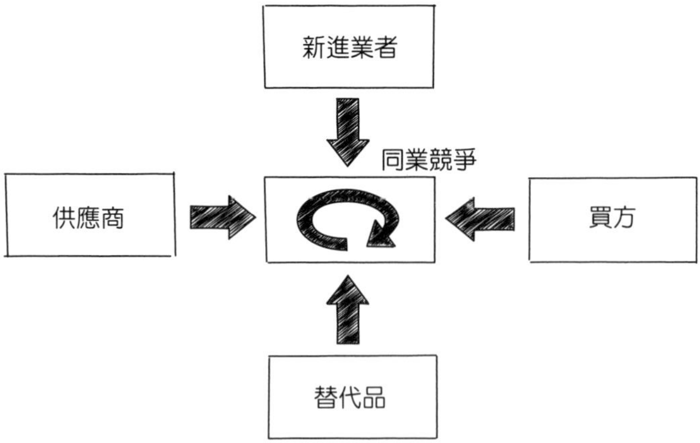

圖92　五力的理論框架

到右是「供應商」→「同業競爭」→「買方」。這裡呈現出的流程是，一開始是供應商的輸入，中間被增添附加價值，最後由買方購買。換言之，就是產業的價值鏈。而五力是在價值鏈上，加上了對業界造成壓力的「替代品」和「新競業者」所形成的理論框架。在企業經營上，理解產業價值鏈的內容，在本質上是十分重要的。比方說，以產業價值鏈作爲橫軸，以企業類型爲縱軸，爲各企業標誌出位置，這時公司自身的立足點就會變得一覽無餘。以圖93而言，我們可以知道，公司因爲競爭日趨激烈，以及來自下游廠商的壓力大增，而處於十分嚴峻的狀態。

了解自身公司身處在何種「流程」中，才能以此爲出發點，思考如何強化競爭力。擔任管顧時期，我也經常埋頭苦畫這種圖。

改動箭形圖本身

接下來的應用範例別出心裁。這個例子是透過「動態式」地改動箭形圖，進而理解「流程」變化的眞正意義。這例子發生在某一次的管顧專案中，我基於保護營業祕密，在此置換成不同的主題（資訊產業）來說明。現今的世界資訊充斥，和三十年前比起來，究竟本質上發生了什麼改變？

三十年前，資訊傳播流程的主要形式是從報紙、電視台蒐集資訊，加以編輯，再傳遞給社會。

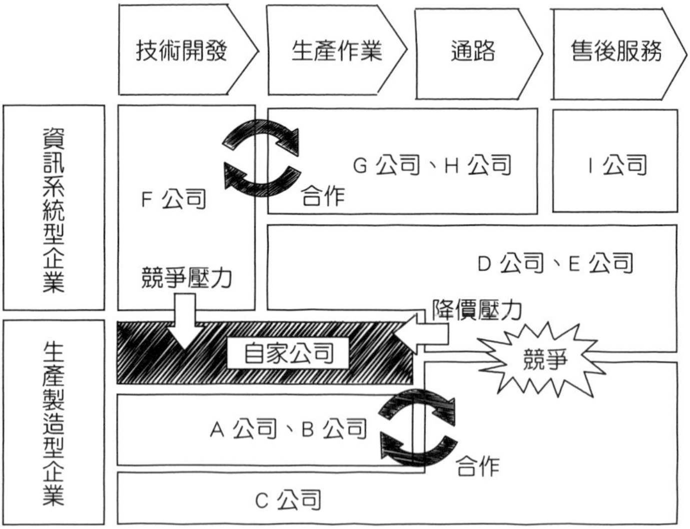

圖 93　用產業價值鏈，掌握自家公司的立足點

換言之，資訊是被製作、被分配、被消費的（之後才形成大眾文化）。用「箭形圖」來呈現，就會如同圖94，資訊是由上至下「縱向」傳播的感覺。然而，今日網路、智慧型手機、社群網站普及，過去只負責消費資訊的個人，如今也能自行創造並傳播。人接受到個人資訊，也會對其產生反應，並創造出新資訊。然後才在輿論中發酵，席捲網路。這就是我們今日所處的時代。現今的傳播方

圖 94 過往資訊傳播的流程

式並非均質，而是個別發展的；並非穩定，而是動態的。因此，資訊「縱向」傳播的意象，已不再符合現況。換言之，圖94的「資訊的創造」「傳達」「消費」，現在已變成同時並行，而且會循環發生、自我繁殖，也變得愈來愈有力量了。因此，比起「縱向」發展，「橫向」擴散更貼近現今的感覺。以圖像呈現，就如同圖95。也就是將箭形圖動

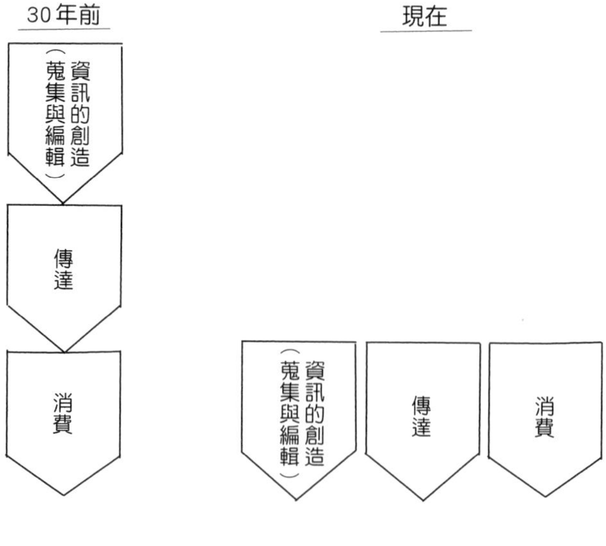

圖 95　資訊傳播的流程改變了 ①

態性地重新排列，從縱向轉成橫向。結構發生變化的同時，重要的事物也會與時俱進。過去，接收資訊的重點在於，如何有效地吸收由上向下傳播而來的資訊，以搭上資訊的潮流。然而，如今則重在如何捕捉世間各處自然發生的資訊，加以選擇取捨，並決定該將哪些傳播出去。換言之，管理動態資訊的能力與創造性，成了現在的重點。這項專案的

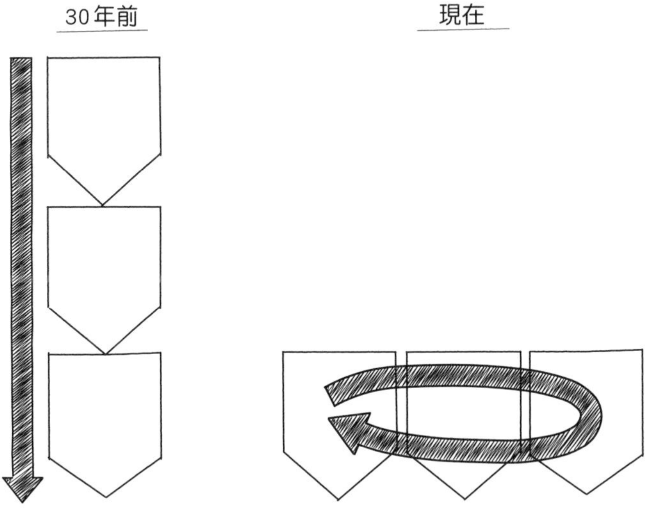

圖 96　資訊傳播的流程改變了 ②

目的是開發一項新事業，但因爲外部結構改變了，開發新事業的著眼點當然也要隨之調整。圖96是簡單地將其本質用圖呈現出來。從直線轉變成圓圈，或說漩渦。而我的客戶對於這張圖像所傳達的意義，也給予了高度的評價。

我們根據這張圖，研究討論應該開發何種新事業，專案也成功落幕。最後我們思考出的新事業是，與媒合、分享有關的事業（是不是比起直線，更符合圓圈？）雖然媒合與分享的商業概念，如今已變得理所當然，但在當時還是十分新穎。

5 使用箭形圖能激發出獨特的創意

價值鏈的解構

接下來，我要來談談如何花式運用「箭形圖」，激發出更加獨特新穎的創意發想。第一項要介紹的是，波士頓顧問集團所提出的「價值鏈解構」圖。這個圖是將產業成熟化等因素所造成產業價值鏈的變化，分成四個種類（圖97）。該圖也能帶來新商機的啓示。

比方說，微軟和英特爾各自在其擅長的領域中，成為專門提供作業系統和CPU的特定層次掌控者（Layer Master），在電腦業界獨領風騷。再者，戴爾是自行組裝電腦，其他不擅長的部分則交由其他公司（包括微軟和英特爾）處理，成爲如樂團指揮地位的統合者（Orchestrator），建立起數兆日圓的事業。另一方面，亞馬遜是在產業價值鏈中創造出「市場」的市場創造者（Market Maker），它以平台提供者的身分不斷成長，成爲今日的龐大企業。最後一種是個人代理者（Personal Agent），則是徹底站在顧客立場提供價值，日本的「保險的窗

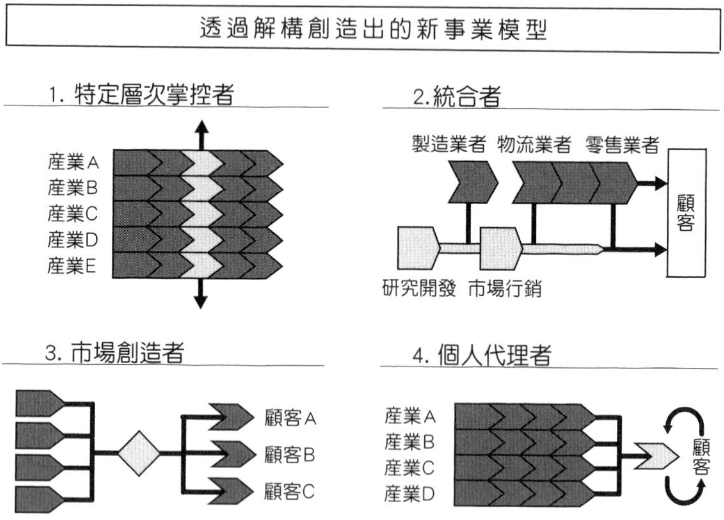

圖 97　解構價值鏈

出處：參考水越豐《BCG 戰略概念》（BCG 略コンセプト）

口」就是一例，他們是專門提供顧客保險諮詢，按照需求爲顧客提議在眾多保險公司中，應該選擇什麼樣的保險組合。各位不妨將這些圖像放入腦中，在思考全新的勝出模式時，說不定就會派上用場。

交叉箭形圖能創造獨特發想

第二項要介紹的是「將箭形圖相互交叉」。

這是我在多間商業公司待過之後，以羅蘭．貝格的經理身分回到管顧業界時，因緣際會而產生的想法。那時，我針對某間貿易公司，製作了探索新事業的專案提案書。最令人頭痛的是，我爲了檢討新事業，是否能提出嶄新的切入點。我當時需要有構思與檢討新事業的基礎，但腦袋一直無法浮現好靈感。

貿易公司會俯瞰產業價值鏈，掌握其變化，對有商機之處進行投資。最適合橫軸的設定就是產業價值鏈，問題是什麼可以當成縱軸……

就在此時，我在和同事討論的當下，腦中忽然閃過了兩個詞：「對立的兩個項目」和「熊彼得的新結合」。這就對了！世間有許多價值鏈都是相互交織而成的。說不一定將價值鏈連結起來，就能思考、創造出什麼新組合。於是我產生了在「縱軸上也放上一條價值鏈」的想法。我提供顧問服務的對象是航空業界，因此當時所畫的圖就如同圖98。

圖中記載著我對新事業的構想假說（？是因保護營業祕密，而無法公開

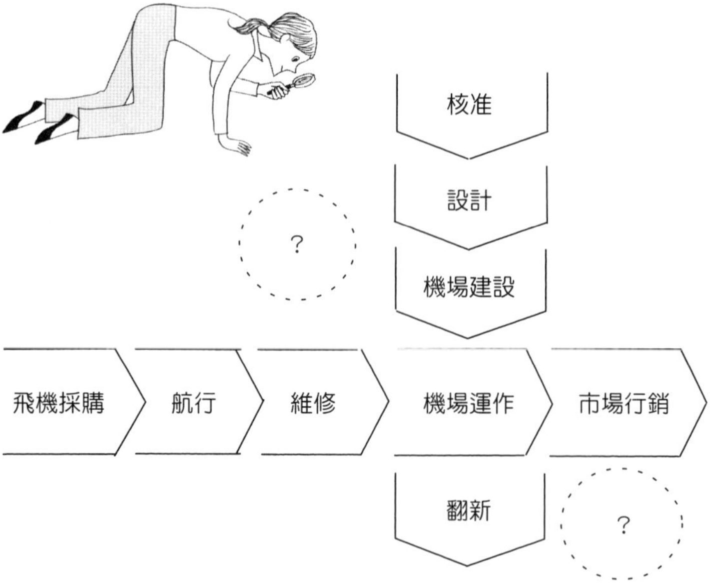

圖 98　以垂直交叉縱、橫軸的方式處理箭形圖

的部分）。我的提案是，在專案中驗證這些新事業的構想。結果，我的提案得到採用，管顧專案服務也就此展開，最後找出了幾個有前景的事業，專案圓滿落幕。

請容我多聊幾句，我在專案中發現的新興事業，其實是既有產業價值鏈流程中多出來的部分，因此是根據世間所沒有的新概念所建立而成的。

再多聊一句，縱軸和橫軸的產業價值鏈中，已存在著該貿易公司的事業，因此與新事業的加乘效果也是指日可待。

這項專案是源自於將兩條「流程」縱橫交錯的獨特創意所發想而來，最終也找出了有趣而充滿前景的事業，可說是大獲成功。

將箭形圖圈成圓形後的發現

最後要介紹的第三項是，嘗試將箭形圖「圈成圓形」。

這是發生在我任職於戴爾公司時的事。當時，戴爾身爲自產自銷的電腦製造商，正值急速成長的時期，而受到大眾矚目。有時，有人拜託我去演講，希望我能介紹關於戴爾的商業模型。演講時，我喜歡使用公司內部經常使用的圖，如圖99。

這個圖的根本思考方式，其實是奠基於「顧客經驗」。基本上，我想說的是，面對顧客的並非只有業務，而是參與企業價值鏈的每一個部門、每一個員工，都需要面對顧客。

換言之，如果是根據左側的圖來做事，就有可能產生像業務與研發之間的矛盾：站在研發的角度，

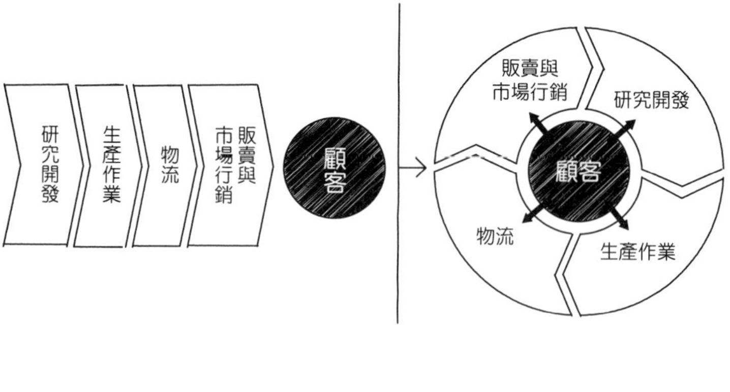

圖 99　戴爾的圓形價值鏈

業務就是在狐（業務）假虎（顧客）威；站在業務的角度，研發就是一群不懂顧客需求的技術阿宅。

然而，若以右圖來做事，那麼最重要的就是正中央的顧客。業務與研發之間，如果有空爭吵，還不如多騰出時間來面對顧客、理解顧客。企業裡的每個人都面向著顧客，相互合作，敵人不在內部，而是在外部（不過，顧客也不是敵人啦……）。當每個人都擁有這樣的意識時，就不會再爲雞毛蒜皮的事產生摩擦。這就是圖99右側所秉持的哲學。

戴爾的實際做法是，向所有部門募集創意構想，透過自產自銷模型得到「顧客經驗」，並努力將其向上提升。也就是現在常說的從「物」（產品）到「事」（顧客經驗）的想法轉換。

比方說，戴爾當時「Dell Plus」的服務，這是在物流部門和市場行銷部門的合作之下誕生的。Dell Plus 是將顧客自行開發的軟體，直接在工廠進行安裝的服務。反正都要在工廠安裝作業系統，不如同時幫顧客安裝軟體，一來能替顧客省去時間，二來也能爲戴爾創造新的附加價值服務（圖100）。

Dell Plus是來自前面第214頁所介紹的Re-organize概念。先實踐了將箭形圖圈成圓形的發想，從而又產生了箭形圖的Re-organize，各位不覺得很有趣嗎？

這種「圈成圓」的想法，其實與「迴圈圖」類似。關於「迴圈圖」的「模型」，將留到下一章說明。

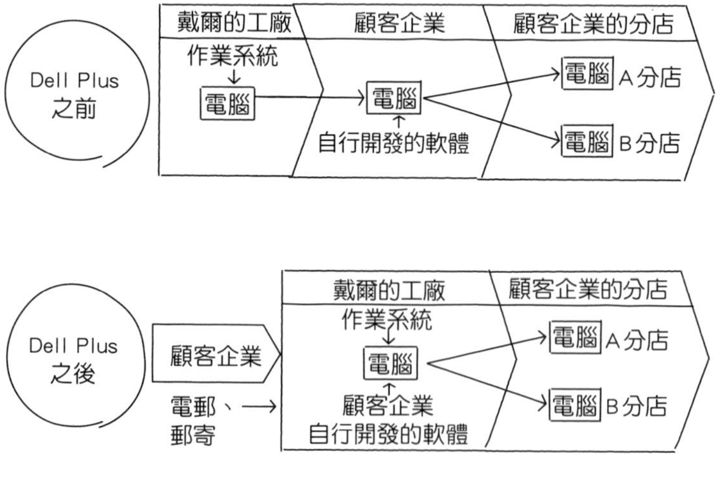

圖 100　戴爾的圓形價值鏈

COLUMN

箭形圖也與面積圖有關

第 4 章曾經提到過，「田字圖」和「金字塔圖」是相通的。其實「箭形圖」和田字圖的應用圖「面積圖」，也可以一起討論。讓我們來思考以下的例子。

假設你自己創業，今年公司的利潤是五百萬日圓。

為了發展事業，假設你明年必須達到九百萬日圓的利潤。要達成目標，你只能選擇「提高利潤率」（刪減成本）或「增加營收」。刪減成本和擴大營收這兩者中，你覺得哪一個比較重要呢？

比方說，今年的營收是兩千萬日圓，利潤率為二五％（所以利潤是五百萬日圓＝兩千萬日圓 × 二五％），假設明年即使刪減成本（改善利潤率）也只能達到五％，那麼要增加多少營收才行？

這個問題的答案，只要畫出面積圖就能一目了然（圖101）。看這個圖，營收需要增加一千萬日圓。

因此我們可以知道，擴大營收對利潤的影響，是大於刪減成本的。換言之，增加營收的優先度大於刪減成本。

事實上，問題是出在「理想樣貌」和「現狀」間的落差上。所以，此時我們可以利用箭形圖和流失分析，畫出從現狀（利潤五百萬日圓）到理想樣貌（利潤九百萬日圓）的

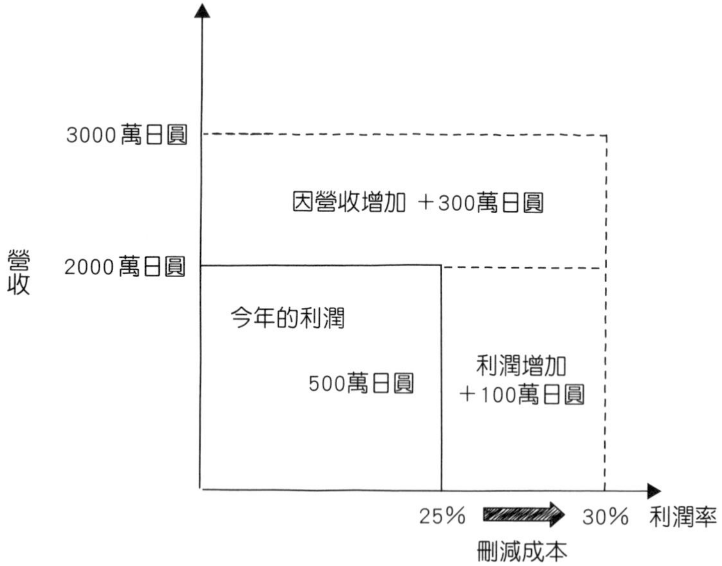

圖 101　利潤的面積圖

路徑。畫出來的圖就會如圖102。由此可知，箭形圖和面積圖也是可以互通的。兩者只是以不同的形態來解讀問題、呈現問題而已。

田字圖和金字塔圖也是如此，各種「模型」之間都是互通的。

換句話說，不同的「模型」是針對相同的結構或關聯性，以相異的方式來詮釋和描繪。因此，

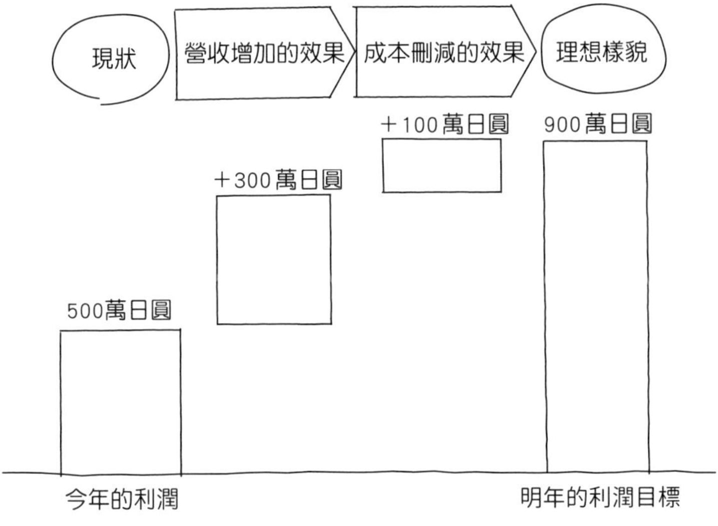

圖 102　箭形圖 × 流失分析

利用各式各樣的「模型」思考，也可說是透過各種不同的切入點、出發點，努力找出現象背後所蘊藏的本質性的結構或關聯性。

第 6 章

可使用的模型④：迴圈圖

迴圈圖可呈現出事物的因果關係與本質，極為豐富。它所創造出的商業模型，造就了亞馬遜、日本星巴克等名聞遐邇的企業。這是一個能幫助我們「深入思考」強大模型，請各位務必學會。

1 挖出真理與本質的迴圈圖

與其他三種模型的不同

最後一個模型是「迴圈圖」。「迴圈圖」與前面介紹的「金字塔圖」「田字圖」「箭形圖」，在發想上迥然不同。後三種模型偏向採取**分析**性的思考方式，換言之，就是採取化約主義式的發想，將事物加以**分解**並**解晰**。相對地，「迴圈圖」重視的反而是「**連結**」，因為它是從更加整體性、俯瞰性、動態性的角度所產生的發想。

比方說，請大家回憶一下第146頁的圖44。該圖是將銷售額分解成「價格×數量」的金字塔圖。這並沒有錯，只不過使用金字塔圖時要注意，是否「漏看並排的因果關係」。以「價格×數量」而言，當我們為了增加銷售額而提高價格時，通常數量就會下降。但在這個金字塔圖中，遺漏了這樣的因果關係。而「迴圈圖」能幫助我們釐清並理解這種因果關係。若畫出如圖103的迴圈圖時，我們就能知道當價格提高時，數量便會下降；反之，增加數量，價格就會下跌；那麼降低價格的話，數量就會上升……因果會像這樣不停循環。

「迴圈圖」就是能聚焦在事物的關聯性上，藉以了解結構與因果關係的模型。

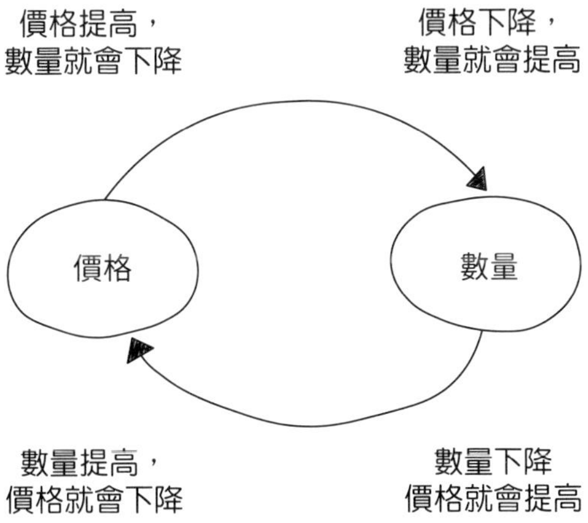

圖 103　迴圈圖

了解「關聯性」就能找出真理

我是開始思考是否要從理工科的研究所跨入文科（商業的世界）時，才注意到「關聯性」有多麼重要。換言之，當時正是我大腦基本構造，全是由化約主義組成的時候（笑）。那時，我在某本書中讀到了一句話：

「眞理存在於『空隙』間。」

對於理工科的我而言，這句話就像當頭棒喝，令我震撼不已。因爲在那之前我一直認爲，眞理存在於對象物的「裡面」，我們該去了解的是電子、原子、宇宙。但那本書卻說，眞理存在於「空隙」之間。

確實，人所建構的這個世界，就是一個關聯性的聚合體。熊彼得的「新結合」也是在說關聯性。**人的悲喜也幾乎都來自於與其他人的關聯性。換言之，某個事物與某個事物之間的「空隙」，確實透露出某種重要性。**這一句話點出了另一半世界的存在，那是過往我從未仔細關注過的部分。換言之，這句話讓我明確意識到對象物間的「空隙」，而非對象物的「裡面」。而這件事也成了讓我決心走向文科的原因之一。這裡必須強調一點，這種「關聯性」用圖像表達，會比用文字更容易理解（圖104）。

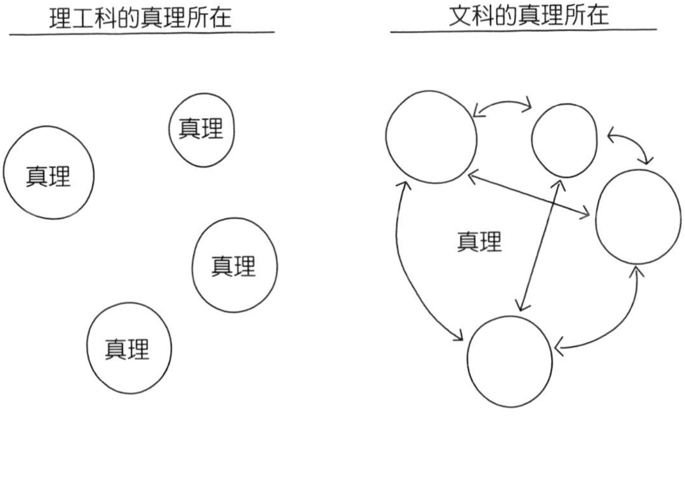

圖 104　真理在哪裡？

「迴圈圖」創造出的一兆美元商機

這種迴圈圖有時還能帶來不可思議的成功。比方說，貝佐斯所畫下亞馬遜的商業模式，正可說是了解這種「關聯性」所獲得的勝利。

據說，貝佐斯在創業之初，曾在餐巾紙上畫下如圖105的圖。這就是亞馬遜商業模式的原點。而他所畫出的正是迴圈圖。

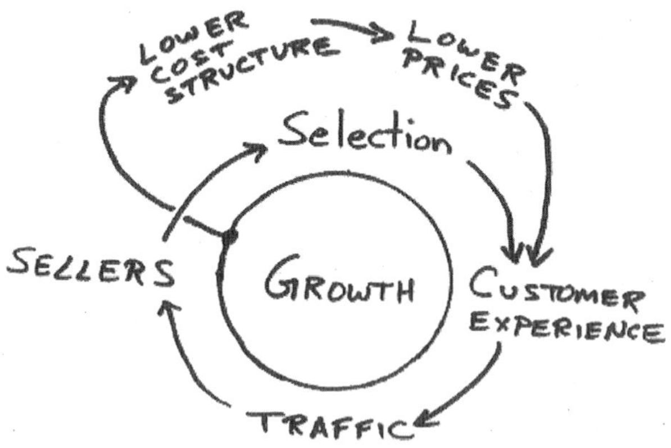

圖 105　貝佐斯所畫的迴圈圖

圖片出處：摘自 Amazon.jobs HP amazon.jobs/jp/landing_pages/about-amazon

亞馬遜透過這種商業模式不斷成長，如今已成爲一個市值約一兆美元（二〇二〇年一月）的事業。

不過，各位是否注意到一個關鍵？其實亞馬遜的這幅圖，跟先前的「價格×數量」的迴圈圖（參考第249頁），是不同類型的圖。

價格×數量的圖會帶來忽上忽下「平衡」的**負面迴圈圖**。反之，亞馬遜的圖則是不斷「成長」的**正面迴圈圖**。換言之，亞馬遜的圖是能帶來良性循環的「自我強化型迴圈」。能否將正面迴圈圖放進事業中，正是預測事業成功與否的關鍵所在。

用「迴圈圖」逼近本質～提升企業業績的事例

我認爲迴圈圖裡，藏著能促使人「深入思考」的關鍵。

那就是整合而非分解，透過箭頭讓人意識到因果關係，並連結、形成整體。

迴圈圖的這個思考觀點，能防止我們被現象或表層所蒙蔽，進而挖掘出背後潛藏的本質。這件事十分重要。

當我們知道過去所看不見的結構或因果關係時，就會進一步理解眞正重要的事物。能幹的人會先理解眞正要緊的事物，才展開行動。能幹與否的差距正是由此而生。因爲他們基本的處事態度就是如此，所以無論在工作或生活上，都會跟他人拉開距離。隨著時間的積累，這種差距也將逐漸擴大。我想這些能幹的人就是這麼不一樣吧。

這裡舉一個簡單的例子，讓大家體會一下迴圈圖有多麼神通廣大。我們該如何提升企業業績呢？

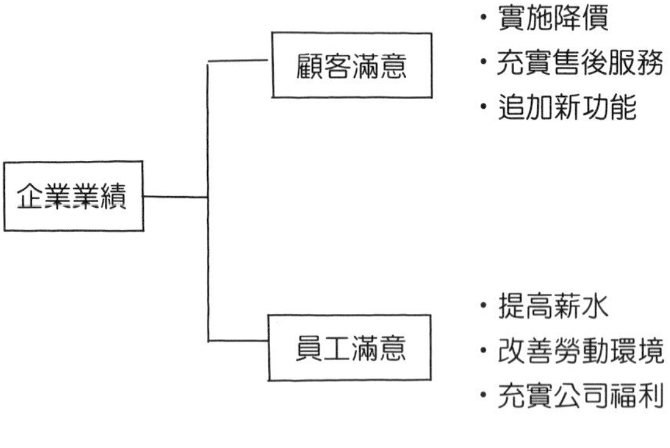

圖 106　用金字塔圖，思考如何提升企業業績

為求簡化，讓大家便於理解，我們假設企業業績可透過顧客滿意與員工滿意兩部分達成。用金字塔圖呈現這個問題，並仔細端詳此圖，或許我們就會想出如同圖106的計策。但當我們局限於個別的方法時，就無法找出真正重要的關鍵。

現在我們將這個問題畫成迴圈圖，思考看看（圖107）。此時，我們將更清楚發現，顧客滿意與員工滿意兩者在「空隙」間的關聯性。如果用亞馬遜的類推法來思考，我們可以想到：想要提升企業業績，或許就應該設計一個讓顧客與企業可以共處的「場域」？（圖108）此時就會浮現以下的靈感：打造一個讓顧客與員工之間產生良性循環的機制。

這種想法是透過金字塔圖很難想到的。我想，這就是迴圈圖的威力所在。實際上，也有許多優良企業為了創造出新的價值，而打造了能讓顧客企業與公司自身研發部門互相交流的場域。

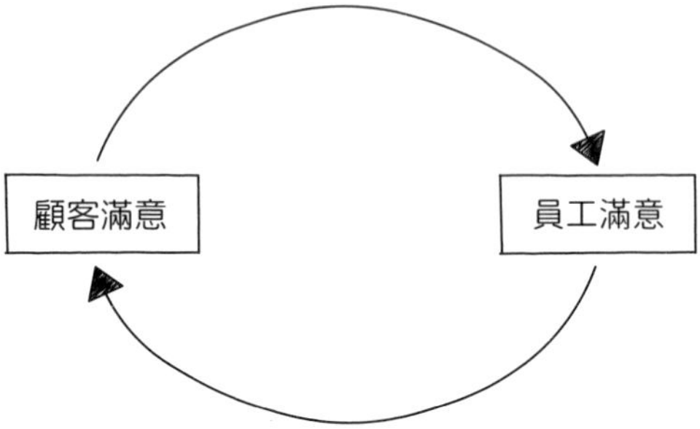

圖 107　用迴圈圖，思考如何提升企業業績 ①

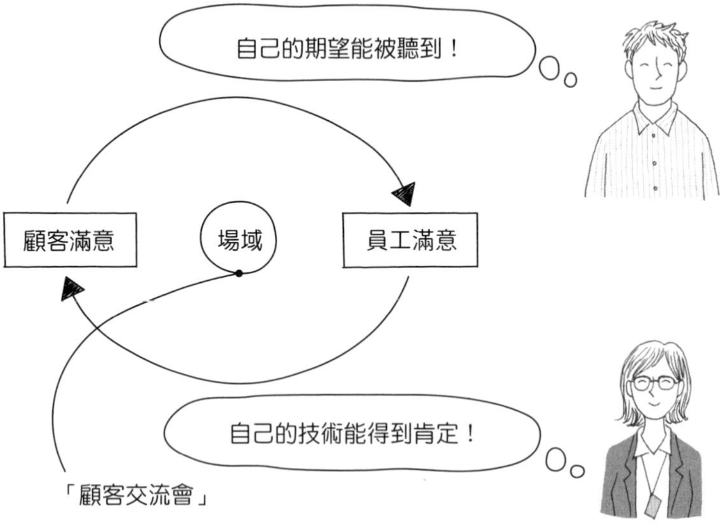

圖 108　用迴圈圖，思考如何提升企業業績 ②

2 使用「迴圈圖」創造未來，以日本星巴克為例

接下來，就要來向各位說明使用迴圈圖思考的步驟。

爲求簡單易懂，我就選擇自己曾經任職過、同時多數讀者也都知道的日本星巴克爲例來說明。

日本星巴克強大的祕訣究竟藏在哪裡呢？

步驟①：以「不並排的方式」，寫出可能的重要要素

一九九六年，日本星巴克創始門市「銀座松屋大道店」開幕，爾後在日本持續展店，如今在日本門市數量已高達一千五百三十間（二〇一九年十二月

底）。我在日本星巴克擔任經營企畫部長時，正值門市數目由兩百間上衝五百間的急速成長期。從那時以來，日本星巴克就一直被認爲是十分獨特的公司。

星巴克最重視的莫過於被稱爲夥伴的店員。夥伴包括正職員工和打工人員。由於星巴克是People Business，非常看重人與人的交流，因此十分重視人的自主性。雖然在沖泡濃縮咖啡上，星巴克有一套標準流程，但對於待客之道，則沒有任何標準流程。要如何待客，是交由每一個夥伴自行判斷的。

最能展現出日本星巴克這種核心價值的，就在於公司的「Just Say Yes」方針——永遠都對顧客說：Yes。這樣的方針創造出了優秀的待客之道，也打造出人的魅力。

當然，星巴克畢竟是咖啡館，所以咖啡也很重要。美國總公司有數名咖啡豆的採購者，他們往來於世界各地，在當地試喝，只挑選優質的咖啡豆。因此，星巴克採購的咖啡豆並不是在商品市場裡交易的商品。

店內提供的咖啡，也並非只有深焙咖啡，還包括拿鐵、卡布奇諾，同時也持續推出隨季節變更的限定商品，讓顧客享受不一樣咖啡的品嘗方式。

此外，門市基本上都是直營店。這樣的門市既非家庭的第一去處，也非職場或學校會去的第二去處，而是可以找回自己的悠閒空間。換言之，日本星巴克擔負的是，提供人們「第三去處」的重責大任。這個第三去處能讓顧客享受到不是那麼遙不可及的小奢侈。（雖然無法入手法拉利，但至少買得起一杯三百日圓、價位偏高的咖啡！）

以上就是日本星巴克的特色。使用迴圈圖思考時，首先把自己覺得重要的要素一一寫下來（圖109）。這時，最好**不要用條列的方式**並排書寫，因爲接下來要審視這些要素間的「連結」。建議各位善用紙張的空間，將要素分散寫在紙面上的各處。

步驟②：用線條和箭頭線，將因果連連看

寫下要素後，接著思考各要素之間的因果關係，用線或箭頭試著加以連結。

比方說，因爲有Just Say Yes的方針，才會產生能感受得到「人的魅力」的待客之道。這個Just Say Yes的方針，又是靠著重視夥伴的People Business所支撐起來的。就就是透過箭頭將這些要素連接起來。又或者，美味的咖啡、人的魅力，以及直營店機制——可以在符合星巴克氛圍的場所，設立門市。正因具備了這些要素，才能創造出

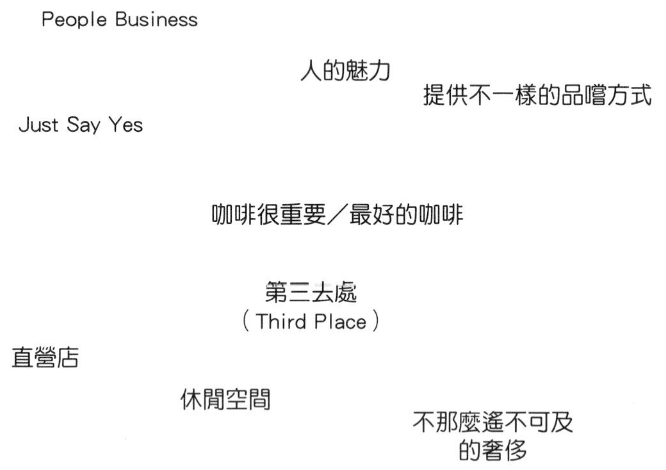

圖 109　用迴圈圖，思考日本星巴克的商業模式 ①

「第三去處」的價值。此外，不斷推出獨特的新商品，也能提高大家想朝向第三去處走的魅力。

再者，從日本星巴克的立場來看，背後有一個在全球展店的美國星巴克的支援，也是一項強大的助力。

比方說，當全球的事業規模擴大，經營資源更加充裕時，咖啡採購團隊也能得以擴充，咖啡的品質也會向上提升。成立門

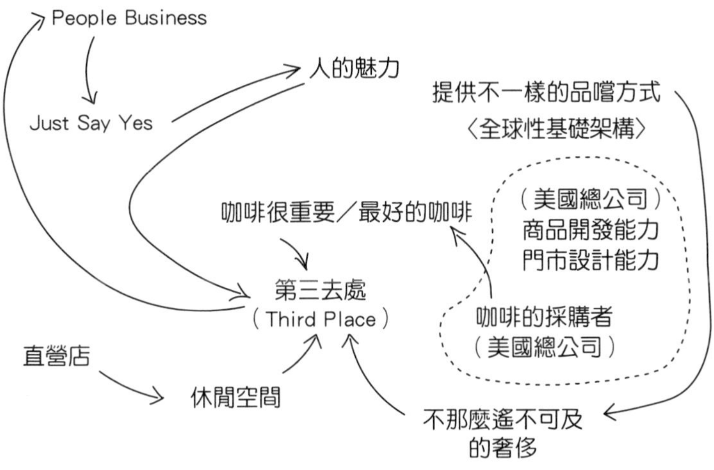

圖 110　用迴圈圖，思考日本星巴克的商業模式 ②

市時所需的物料，也有可能以量制價；同時，設計能力、商品開發能力的提高，也都指日可待。這些全球性事業所奠定的基礎架構，都能讓日本星巴克變成一個更好的第三去處。

而且，當日本星巴克成爲迷人的第三去處後，就會吸引有共鳴的人加入星巴克，成爲夥伴，一同策畫，於是企業與店員（夥伴）的連結就會愈來愈強。

就像這樣思考，若發現漏掉了什麼要素，可再補寫上去，並加以分組等等（比方說，用虛線將全球性基礎架構圈起來！），於是「關聯性」，也就是結構與因果的關係，就會愈來愈一覽無餘（圖110）。

步驟③：找出自我強化型迴圈

最後，再次俯瞰這些要素，並從其中找出「自我強化型迴圈」，也就是如同亞馬遜的良性循環，然後畫出迴圈。將剛才的圖110加以整理、連結，就能畫出如圖111的迴圈圖。這裡面存在著多個「自我強化型迴圈」。此外，從這個圖

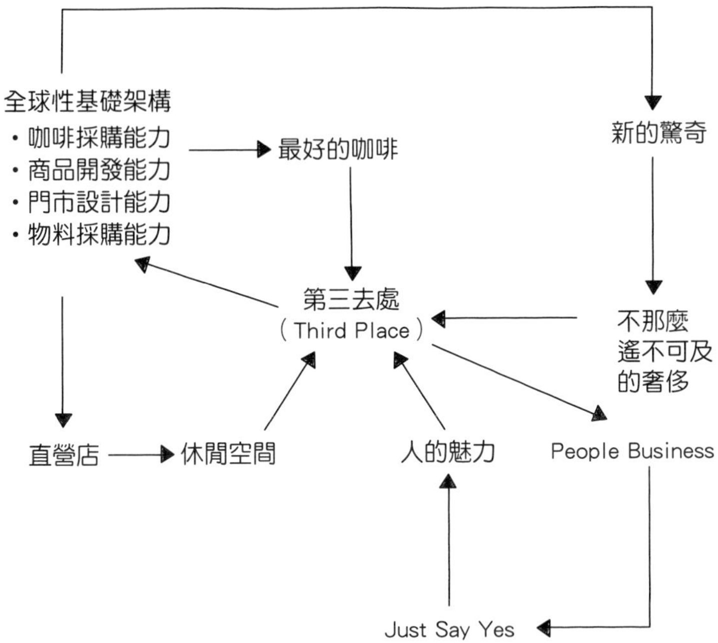

圖 111 用迴圈圖，思考日本星巴克的商業模式 ③

我們也會充分了解到，對第三去處價值的講究及People Business在這個商業模型中有多麼重要，日本星巴克的成功祕訣就在於此。

霍華．舒茲可說是星巴克的實質創業者，我猜當他在擴大事業版圖的同時，應該也在腦中描繪出了這樣的圖像吧。雖然我們只是事後仿效，但做法其實是相同的。

- 寫下要素
- 思考關聯性
- 清楚地找出自我強化型迴圈

照著這個方法做，相信一定能創造出新的價值。

3 以奇異公司為例，說明如何用「迴圈圖」思考問題的治本之道

聚焦於結構而非現象

迴圈圖不只能創造未來，在針對問題思考如何治本而非治標時，也能發揮其威力。

問題出在理想樣貌與現狀之間的落差。這時，只要找出阻斷問題的因果關係並增加良性循環即可。這個良性循環將會改變事物的關聯性。

爲了解決問題，不能只想改變現象，因爲現象是來自於結構與因果關係。

換言之，結構與因果關係若不改變，現象就不會轉變。反過來說，光是試圖轉

變現象，便會造成結構的反彈。而且，以愈激烈的手法更動現象，反彈就會愈劇烈，遺留下來的副作用，也會益發令人吃不完兜著走。基本上，**不轉換結構與因果關係，問題就不會得到解決**。

傑克．威爾許成功改造奇異公司

傑克．威爾許在一九八〇年代初期，當上奇異公司的CEO，當時的奇異公司發展到一定的規模，卻陷入組織僵化停滯的窘境，業績也開始下滑。在那時，奇異公司的事業觸角廣泛，經營資源分散，但各種事業都一副不上不下、前景不甚順遂的狀況。威爾許對奇異公司進行的改造是，重新審視根本，試圖改變結構。他提出著名的「不是第一就是第二」策略。據說，這個靈感是他與夫人在餐廳用餐時發想而來並畫在餐巾紙上的。當時他畫的圖就是圖112。在此，他明確指出，要選擇並集中資源在能夠成爲第一或第二的「核心」「服務」「高科技」的事業上。那其他的事業怎麼辦？答案是直接出售或關閉。換言之，在這幅圖像的背後，還有另一幅PPM的圖（圖58，參考第178頁）。

各位還記得嗎？PPM的本質是「搖錢樹」→「問題兒童」→「明星」→「搖錢樹」→……因此這也是「循環的策略理論」。威爾許就是嚴格執行這樣的迴圈，選擇並將心力集中於事業，進而帶領奇異公司一飛衝天。

順帶一提，我們好

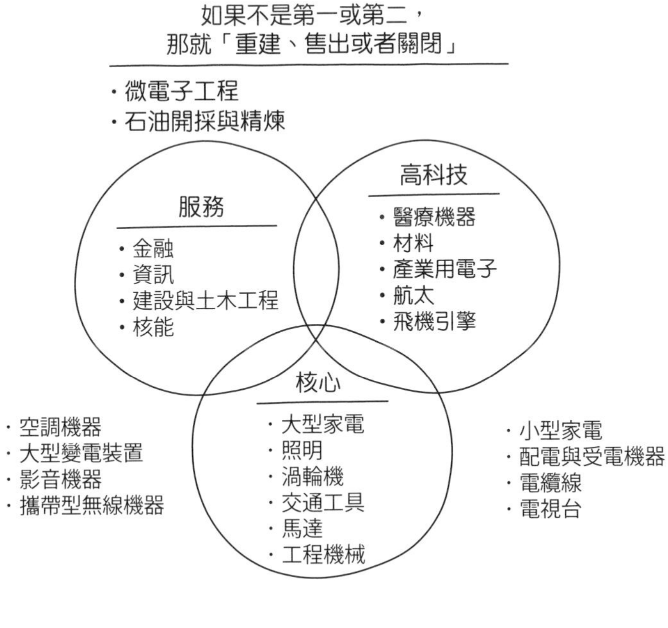

圖 112 威爾許的事業構想圖

出處：摘自傑克·威爾許、約翰·伯恩合著《jack：20 世紀最佳經理人，最重要的發言》

像經常聽到，最初將商業模式的構思畫在餐巾紙上的故事。從放鬆時、容易激發出突發奇想這個點來看，這些故事還頗具眞實性。但我們絕對不能倒因爲果。經營一項事業，並不會**因爲**商業模式是畫在餐巾紙上，**結果**就能大獲成功（笑）。

找出槓桿支點，加入不同的迴圈

希望讓能解決問題的迴圈圖運轉，還必須審視其背後的結構與因果關係。然而，想要在一時半刻了解所有的結構與因果關係，並做出改變，當然是不可能的。

因此，我們應該留意的是「找出槓桿支點」和「嵌入不同結構」。換言之，要找出一個可以透過槓桿效應、以小博大的點，並在此嵌入不同的迴圈。

以奇異公司而言，總公司強大的企畫能力，就是他們的槓桿支點。他們組成了一支強大的經營企畫團隊（＋外部的管顧？），因此能做出更正確的經營判斷，也能讓決策從上到下得以落實。於是，策略得到確實地執行，整體的商業結構也逐漸改變。

其實本章最初提到的「價格 × 數量」的負面迴圈，也可以用相同的方法來討論。想要克服價格和數量之間的負面效果，就需要一個能夠扛起槓桿支點的全新迴圈。比方說，開發出劃時代的商品、構築一個強大的業務團隊，這些都是可能的答

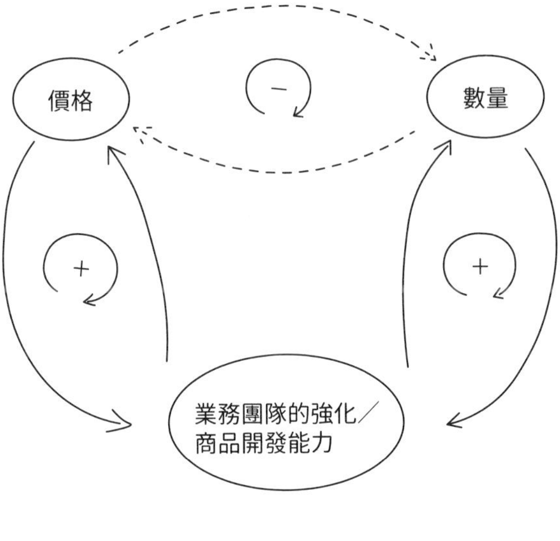

圖 113　嵌入不同的迴圈

案。這麼一來，就能讓價格和數量一併提升，增加營業額後，又能繼續強化商品開發能力或業務團隊，形成良性循環（圖113）。

當然，這種找出槓桿支點的態度，在日常生活中也很管用。比方說：

・「工作太忙，沒時間陪女友，造成感情觸礁」→「將每月第一個星期三訂爲『約會日』」

這個想法的出發點是，在所有時間不知不覺被平日的工作占滿之前，先**擬定好定期的活動**，強制性地確保兩人有相處時間。也就是從「等到有時間→約會」的想法，轉換爲「以約會爲前提→安排工作」。

・「不知不覺吃太多甜食而發胖」→「在門口擺放體重計」

這是爲自己增加反饋的機會。對於經常抵擋不住誘惑的自己，時時將體重「可視化」，讓自己想起節食減重的初衷。這也是從「先吃→量體重」的想法，轉變爲「時時測量→先提升危機感再吃（不吃）」。

請容我再次強調，結構與因果關係不改變，現象就不會更動，那麼問題也不會解決。

COLUMN

迴圈圖的起源「系統動態學」

這幅迴圈圖的發想，是來自於我去麻省理工留學時，上過的系統動態學課程。

系統動態學是麻省理工教授傑・佛瑞斯特（Jay W. Forrester），始於一九五〇年代所創的一套模擬方法。

這套方法並非以化約主義的方式來分解事物，而是用圖像呈現出要素彼此的連結關係（有時又被稱爲因果循環圖〔Causal Loop Diagram, CLD〕），然後直接以電腦進行模擬，檢驗事物的變化。換言之，發展這套手法的目標是認爲，只要掌握整個系統總體性的舉動（模式），就能運用這套方法來提出政策建言等等（圖114）。

最劃時代的事例是，非官方國際學術研究團體「羅馬俱樂部」委託麻省理工研究後，在一九七二年出版的一本書《增長的極限：羅馬俱樂部預測人類未來的報告》（*The Limits to Growth: A Report for the Club of Rome's Project on the Predicament of Mankind*）。當時，世界正值無邊無際的高度成長期，然而該研究的結論卻是「成長會走向均衡」，因此令讀者十分震驚。

距今五十年前，有人就已透過電腦模擬整個地球，預測出人類將會面臨環境破壞、糧食短缺等危機。

關於如何使用這種迴圈圖，進行圖像性發想的細節，我曾在拙作《本質思考：ＭＩＴ菁英這樣找到問題根源，解決困境》中詳細介紹（在這裡打書，眞不好意思……）。

迴圈圖的視角，與金字塔圖、田字圖、箭形圖等圖像，有著根本性的不同，但又能讓觀點更爲完整，因此也是非常重要的圖。

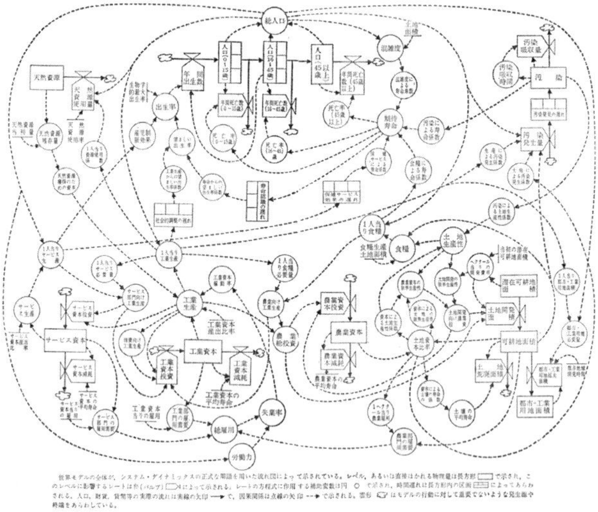

圖 114　世界模型（模擬世界整體）

圖片出處：《增長的極限：羅馬俱樂部預測人類未來的報告》

第 7 章

成為使用圖像思考的達人

目前為止，我們討論了「概念圖」，以及「金字塔圖」「田字圖」「箭形圖」「迴圈圖」四種結構圖的使用方法。
最後這一章，我想回過頭來，帶各位重新思考「圖像思考」的意義。

1 完成圖像並非目的

繪圖本身就是思考的過程

繪圖這項作業，其實就是「思考過程」本身。

我們「繪圖」的目的，是希望與圖像對話，以拓展、深化思考，意義絕非僅止於完成一幅圖畫而已。如果只是草草畫出一幅圖畫，這毫無意義。

執意於完成圖畫，就無法從圖像中學習。而 PowerPoint 會讓我們把注意力放在完成製作簡報一事上，因此不能用來進行圖像思考。

圖像就像酒一樣，會愈陳愈香，所以即使沒畫完，放在一旁也無妨。一邊掛念著那幅懸而未決的圖像，一邊在腦中反覆喚起畫面，等待靈感的湧現。我想，這就是圖像思考原本該有的樣貌。

無論是執行專案、研究或撰寫書籍，我都會隨身攜帶自己胡亂畫下的整體意象圖或構思圖，直到完成那項工作爲止。有時，我會添上幾筆，有時則是重新繪製。當我遇到思考瓶頸時，那些圖像還能帶我回到「思考的原點」。有時只要注視著圖像，就能讓我思考得更加深入。如果是自己曾經對話過多次的圖像，就會在腦中留下畫面，即使沒有實際看到那張圖，也能喚醒圖像。因此，無論是在坐電車、散步或吃飯的時候，無論何時何地我都能繼續深入思考：

「啊，那張圖的右下方，好像可以加上某某重點。」

「原來如此，把這裡和那裡連起來，似乎就能讓某某理論成立了。」

「最終好像用右上、正中央和左下的三個重點，就能含括全局了。」

然後，我會帶著這樣的想法，再次觀看圖像，補充新的內容……我認爲，這是圖像思考十分重要的一環。順帶一提，雖然可能完全看不出個所以然來（無法解讀），不過圖115是我和專題討論課的學生、討論碩士論文時，畫下的碩論全貌草圖。各位可能會感到在這張圖畫上進行討論很不可思議，但這已成了我和學生創造共識的基底，它能呈現出碩論的結構。

當然，我在學生完成碩論之前，都一直把這張圖放在手邊（也有影印給學生一份）。只不過，現在內容全忘光了，連我自己也無法解讀這張圖了……

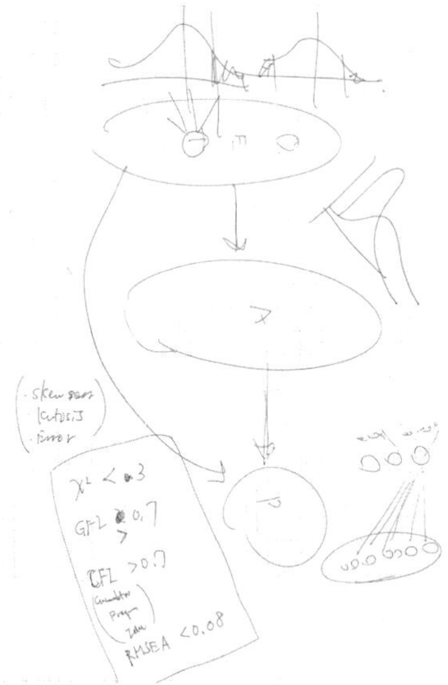

圖 115　我的草圖

在圖像中來來回回，能加深思考

我有時會刻意讓自己在多張圖之間，來來去去。

第 4 章提到的「田字圖⇕金字塔圖」，正是其中一例。這麼做能讓我從不同的角度理解事物，自然可以讓我思考得更清楚、更深入。

我最近發生了一件事，在某個企業培訓課程中，帶大家上完「邏輯思維」課後，我以以下的話作為結語。

「邏輯思維是即使大腦『懂』了，也很難學『會』的能力。然而，不懂的話，就不可能學會。從這一層意義來說，希望今天的邏輯思維課，能成爲各位邁出的重要第一步。」

在說這些話的同時，我腦中出現的畫面是「箭形圖」：懂→會（圖116）。

就在此時，我忽然想到：「如果用『田字圖』來思考會變成什麼樣子？」換言

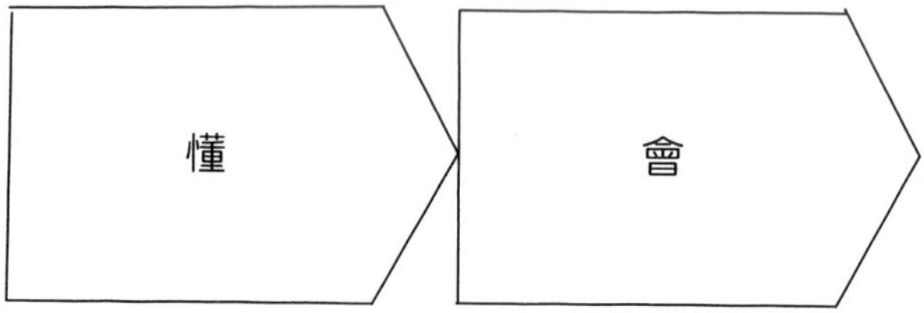

圖 116　箭形圖

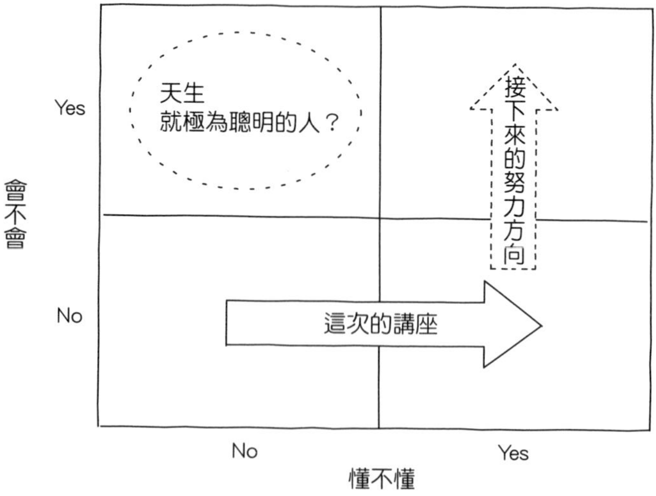

圖 117　田字圖

之，就是將『懂』和『會』當成橫軸和縱軸，畫出一個矩陣。這個田字圖讓我意識到「這次的課程，就是讓學員從左下的格子移動到右下的格子裡」。也就是說，它讓我明確地掌握自己所做的事。這麼一來，下次要做的事，就是要讓學員從右下的格子提升至右上的格子（圖117）。

但想像出這個田字圖後，我便開始對左上的格子感到好奇。到底會有哪些人在這

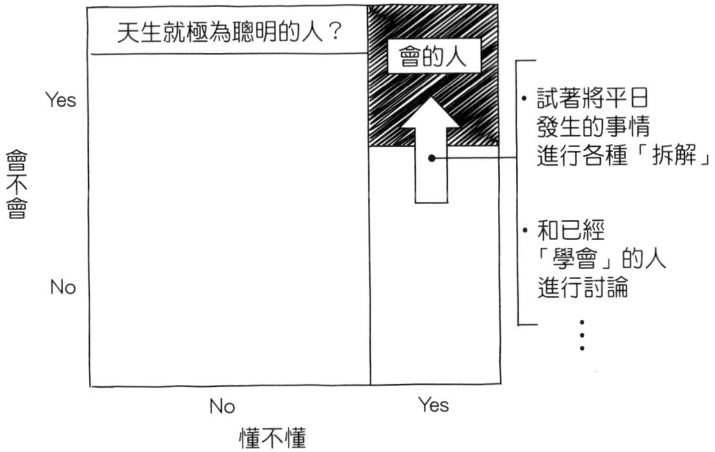

圖 118　面積圖

個格子裡？原本就非常聰明的人？可以無意識地使用邏輯思維的人？但這種人應該少之又少吧……思考至此，我又想到了如同圖118的面積圖。

到頭來，在現實中要成爲「會的人」，還是只能走「左下↓右下↓右上」的路徑，所以「右下↓右上」這段移動過程中所付出的努力，就變得十分重要。於是，我不禁想說：「眞希望他們也都能

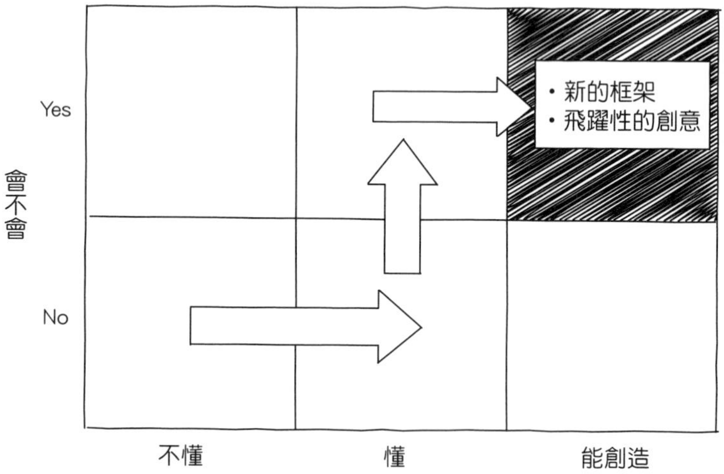

圖 119　2×3 的矩陣

養成圖像思考的習慣……」雖然再講下去會有點沒完沒了……

但我又浮現出新的疑問：當大家都能靈活運用邏輯性思考時，換言之，當面積圖右上的格子（斜線部分）占據面積圖大半的時候，接下來又會如何？

當然，自己的價值會相對降低。這時就必須要突破、需要脫穎而出。只要還停留在這個田字圖的框架中，就不可能出類拔萃。於是，這時需要思考的就是「坐標軸的重新定義」。

假使「會不會」是非常嚴謹的二分法，那麼重新定義的機會，或許就在於如何擴張「懂不懂」的橫軸上了。如果「懂不懂」是被動的，那機會就在「主動」上。既然如此，那用「創造」如何？我開始產生了各式各樣的想法。

最後，我以箭形圖爲起點的圖像，就變成如同圖119的 2×3 的矩陣圖了。

我現在還在繼續思考的是一些非連續性的挑戰，像是如何創造新的框架、飛躍性的創意。雖然一旦這樣開始思考，就會愈來愈停不下來，但在各種圖像間來來去去，也不失爲鍛鍊思考力的良方。

將圖像組合起來擴充整體樣貌

無論是田字圖、箭形圖或任何模型，都不可能光靠一個圖像就能畫出全局。

只有一個圖像的全局圖，確實讓人一目了然。不過有時候，將多個圖像組合起來，描繪出豐富且多面向的全局圖，也會對我們裨益良多。

比方說，假設企業思考策略之際，以重要的3C（顧客、自家公司、競爭者）來

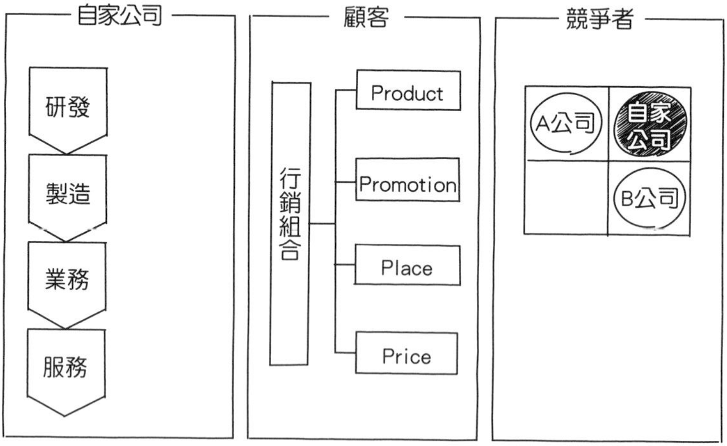

圖120 全局圖

詮釋全貌。由於每一個C中最關鍵的討論點各不相同，因此或許可以以箭形圖的價值鏈呈現自家公司；以4P的金字塔圖表現顧客；以田字圖顯示競爭者與公司的位置關係。將這些圖像整合起來，就能創造出一張有效的全局圖（圖120）。

先前曾提到豐田的A3文化就是一個很好的例子，他們也是將各種理論的流程和圖像組合起來，讓整張A3紙變成一個全局圖。然而，這裡有一點要特別留意，那就是要避免「邏輯上的錯綜複雜」，也就是說簡單至上最爲重要。

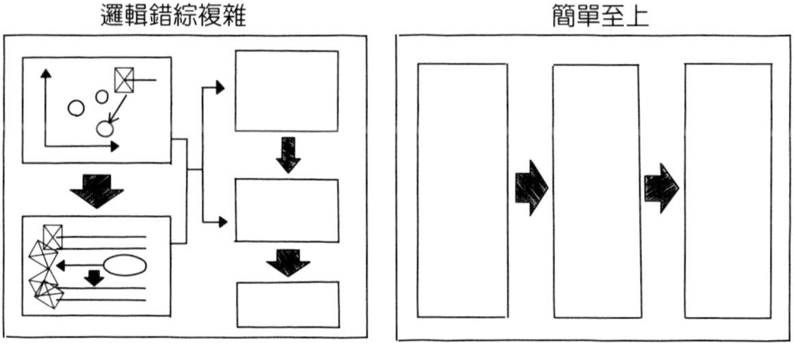

圖 121　簡單至上

過去，我經常告訴年輕的管顧，不要在一張投影片裡，畫上一堆向左、向右、向上、向下或斜向的箭頭，因爲這就會變成「邏輯上的錯綜複雜」。此時的邏輯就像打結的毛線球。這個現象恰恰證明腦中的邏輯是亂成一團的。爲求簡單明瞭，我認爲整體結構最好是從左到右或由上到下，也可以分成三個區間來組成一個圖像（圖121）。

2 增加大腦中的「抽屜」

聽明人會在腦中累積各種模型

若想把圖像使用到駕輕就熟，還有最後一個必須留心的重點，那就是要盡量增加大腦的「抽屜」。本書所介紹的四種模型，或者其中所畫的圖像，都能成爲你的抽屜。

用文字說明或許不太容易解釋，總之，就是將自己思考出的理論或曾經聽聞過的理論「抽象化」爲圖像畫面，然後預先存放在腦中，這麼一來這些圖像畫面就有可能在某一天派上用場。

比方說，各位是否還記得第 4 章介紹的「輔助線帶來新創意」的管顧專案（參考第189頁起）？在當時的說明中，我舉了日常生活中的泡茶和做便當爲例，但現在回過頭來思考，就會覺得這有點像蛋生雞、雞生蛋，不知道何者先發生……

正因爲我當時認爲泡茶和做便當具有下述的意象：不太有附加價值的工作，會以「一條線」爲界向外流出，所以我在另一個管顧專案中才能聯想到，一個企業的非核心領域工作，會向外流出，成爲其他企業的商機。其圖形就是，在一個二維的四角形中，有東西從一處向其他地方流出（圖122）。

另一個例子是，第229頁的資訊產業從「縱軸」變成「橫軸」的構

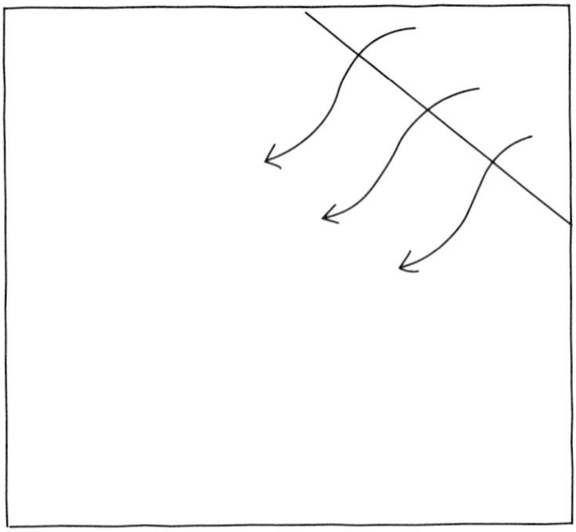

圖 122　輔助線

想。之所以會產生這種聯想，或許也是因爲我知道「同步工程」的概念。同步工程是指，企業開發新產品時，並非循著「研究→開發→製造」的順序，而是研究、開發和製造的準備同時並行。這同樣不確定何者爲先，何者爲後。

其實誰先誰後都好，總之，這種抽象化的圖像畫面，能幫助我們解決新的問題。這就是將圖像儲存在大腦抽屜中的效用。

從這個角度來看，大部分記憶力好的人也很聰明，或許就是因爲他們腦海中存放著大量的模式，當他們面對問題時，就可以善用類推法解決吧。

反之，記憶力好的人之中，也有不是那麼聰明的人，也許是因爲他們的記憶不是以「圖像式」的方式存放在腦海中，所以無法在需要時順利取出，也就無法善用類推法解決問題了。

將各種經驗以圖像儲存在大腦的抽屜中，一旦面臨思考的課題時，就能快速從中取出，利用類推法解決問題。這種使用大腦的方式，或許對天才中的天才而言微不足道，但就現實而言，應該能爲大部分的人帶來強大的效益。

經營管理學是理論框架的寶庫

本書中也介紹過幾個管理學的理論框架，包括3C、5F、PPM等。但理論框架多如繁星，不止於此，有些近乎於「模型」，有些則否，種類繁多。

這些不僅能用在商業上，還能用在私生活中。

比方說，由公司、競爭者、顧客所組成的3C，若置換成自己、情敵、女友的話，就能用來分析日常生活中擄獲女友芳心的戰略。

又或者，評鑑業界魅力度的5F，也有可能用於分析自己（個人）身處的狀況，藉此找出打破現狀的策略。其他還有詮釋組織特性的7S，這則是可以拿來思考自身的職涯策略（圖123）。

這些先人留下來的智慧我們隨時都能免費使用，實在沒有不用的道理。

只不過，有一點必須特別留意。那就是**理論框架只是思考上的提示，它們不是魔法道具，無法直接為我們創造答案**。理論框架是「讓我們使用」的東西，千萬不要淪為「被理論框架所使用」。

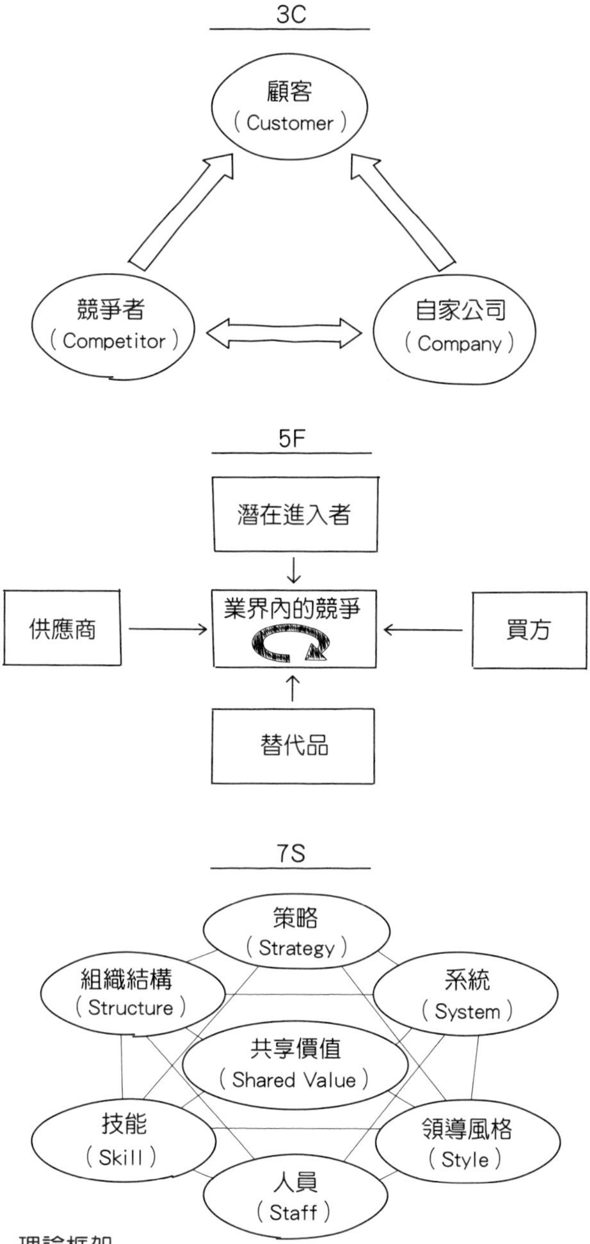
3C
顧客
（Customer）
競爭者
（Competitor）
自家公司
（Company）
5F
潛在進入者
供應商
業界內的競爭
買方
替代品
7S
策略
（Strategy）
組織結構
（Structure）
系統
（System）
共享價值
（Shared Value）
技能
（Skill）
領導風格
（Style）
人員
（Staff）

圖 123 理論框架

理論框架可以自創

你也可以自創理論框架，收入自己的大腦抽屜。由自己思考出來的理論，特別難忘，也很管用。我曾在某次課堂中講解五力時，與一名MBA學生有了以下的問答。

學生：「在做管顧時，可以直接使用像五力這樣的理論框架嗎？」

我：「與其直接使用，不如當成幫助自己思考時的提示。再不然，你也可以自創理論框架……」

我對他說：「五力的縱軸也可以拿來當成評鑑事業好壞的坐標軸唷。」

然後當場畫下由替代品和潛在進入者構成的「田字圖」給他看（圖124）。這也是不折不扣的PPM應用版。

自創理論框架，也可以幫助我們不被既有的理論框架局限。而且，根據現有情況而自創的理論框架，更能適切地捕捉自己正面臨的課題（跟一般性的理論框架相比），也會更確實地收入大腦的抽屜中。

累積自己的圖像、蒐集他人的好圖

正如本章所述，盡量在大腦的「抽屜」中，蒐集愈多的圖像畫面，對我們的思考愈有幫助。但要

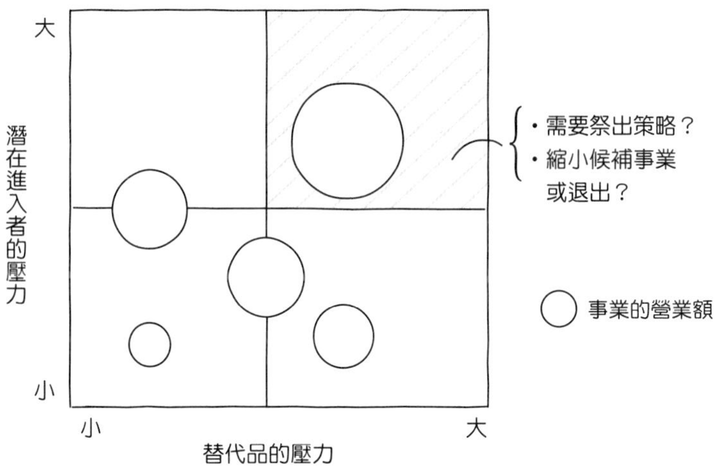

圖 124　運用五力概念的 PPM 應用版

記住所有的圖像實在太困難了，所以我會把自己畫過的圖保存下來。

比方說，在麻省理工留學期間，我一有空，就會把覺得有趣的事、突然閃過的念頭，以圖像的方式記錄在一張紙上，並一一保留下來，到最後保有的張數多達幾十張。順帶一提，這些紙我到現在都還保存著，有時也會拿出來端詳一番。

再者，擔任管顧時期，我也會蒐藏自己爲專案畫下最關鍵的投影片，或是其他管理顧問所畫下厲害的圖。如果在書中看到有趣的圖，我也會描摹或影印下來保存。

建議各位，無論是自己或他人畫出來的圖，只要是好東西，就儘管吸收，存放在大腦的抽屜裡。因爲圖像思考是「右腦式」的思考方式，盡量儲存各種圖像，對活化右腦十分有幫助。

COLUMN

來自圖像的科學發現與創意構思

科學發現的背後，存在著許多圖像性的靈感（圖125）。

其中最著名的故事，應該是弗里德里希．凱庫勒（August Kekulé）發現苯環結構的逸事吧。據說，他是夢見一條蛇咬住自己的尾巴轉圈，進而才想出苯環結構的（但故事真偽不明……）。以圖像而言，就是從「線」到「環」的思考轉換。

此外，現代的各種電器產品，包括電腦、電視等，量子力學都在其結構中發揮關鍵作用，而量子力學之所以能發展至此，其實圖像也成了十分重要的推手。而該圖像就是諾貝爾物理學獎得主費曼所提出的費曼圖。費曼圖是將「方程式」轉換成「圖像」，進而讓交互作用可視化。費曼圖出現之後，讓量子力學有了長足的進展。最近，一百年來都沒有人解開的「龐加萊猜想」終於得到證明，據說在應證時發現，宇宙可以分解成八種不同的形狀。也就是說，宇宙的形狀可以用八種圖像來呈現（這部分我是無法理解……）。

這些已經不能稱之為圖像，稱其為「形狀」應該更為貼切。然而，這件事似乎也隱藏著非常重要的訊息。歸根究柢，圖像的威力也許正是「形狀」本身的威力。

有時候，「形狀」也能創造出新事物，也就是透過形狀的「類推」衍生出的創意構思。這正是刪除多餘事物的抽象化最原初的力量，

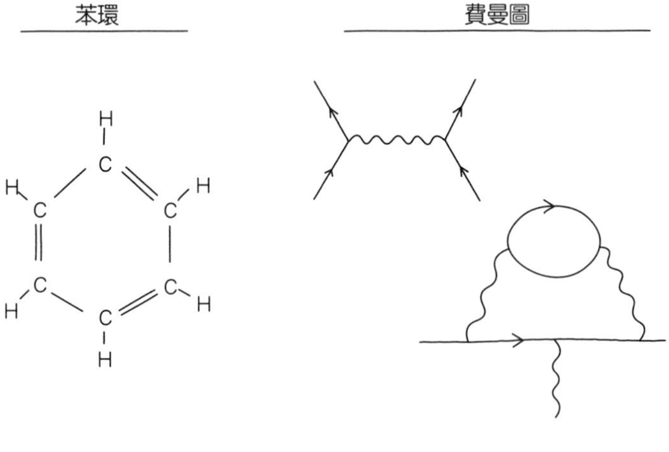

圖 125　從圖像而來的科學發現

也是圖像的力量、右腦的力量。

舉個例子，新幹線列車的形狀也是來自於類推的想法。新幹線的 700 系列車的車頭，狀似鴨嘴獸。這是為了降低列車進入隧道所造成的巨大衝擊，所設計的形狀。據說，這個形狀的靈感來自於鴨嘴獸的喙，牠們因為有這樣的喙，在躍入水中時不會激起太大的水花（另有一說是放入電腦計算後，恰巧出現了這個形狀……）。換言之，鴨嘴獸的喙與 700 系列車車頭，在形狀構造上是類似的。

「我記得過去遇過類似的課題，當時是用這個形狀的圖像解決的……」

「我曾經用這樣的圖像說明，結果大家一聽就明白了……」

各位是否也有這樣的經驗呢？這類與「形狀」有關的記憶，被儲存在右腦中，在面對問題時就能成為類推的來源，幫助我們解決問題。或許這就是人腦創造思考力的泉源。

實踐篇
練　習

以圖像思考「職涯計畫」之後篇

運用「田字圖」嘗試錯誤

在〈基礎篇練習：以圖像思考「職涯計畫」之前篇〉中，我們透過標出「結果」和「過程」這兩個關鍵詞，讓「自己的職涯計畫」和「與家人的幸福」這兩個對立軸明確地顯現出來，也逐漸能看出我們應該思考全局圖的概略（參考圖28、第106頁）。

如果可以，大家應該都希望「自己的職涯計畫」和「與家人的幸福」能夠兩全吧？

這時候，我們就可以運用「田字圖」來思考。先使用「田字圖」，讓選項的定位「可視化」（原本這個田字圖應該要畫在同一張紙的空白處，但因爲是在書中，所以這裡以獨立的圖來呈現）。

如果我們取結果爲縱軸座標，把過程當成橫軸座標，將選項繪製成圖表，又會出現什麼結果？

我們將會發現，雖然任何一個選項都是十分具有潛力的路徑，能幫助我們成爲全球團隊的領導者，但過程的滿足度卻大大不同（圖126）。當

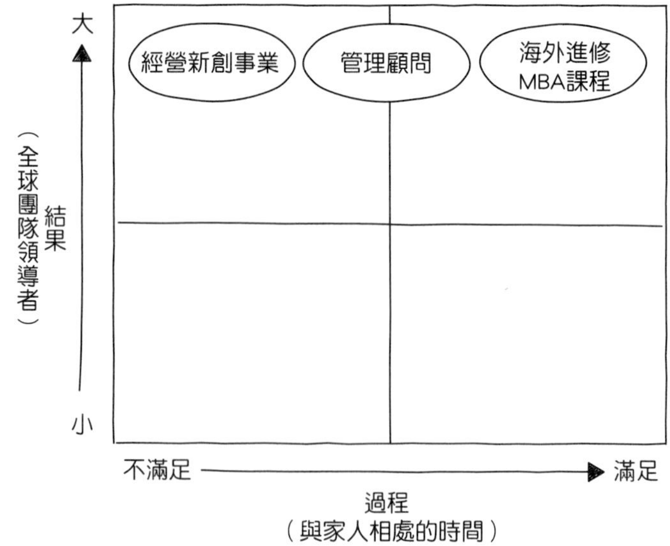

圖 126　圖像思考職涯計畫 ⑤

然，我們不可能自動變成海外MBA的學生，因爲每個選項都各自有不同的風險。

新創事業是高風險、高報酬的選項。相對地，海外進修MBA課程則沒有太大的風險（只要乖乖念書，一般都能畢業！）。那麼在此我們就根據風險來評估看看這些選項。換言之，就是將結果除以

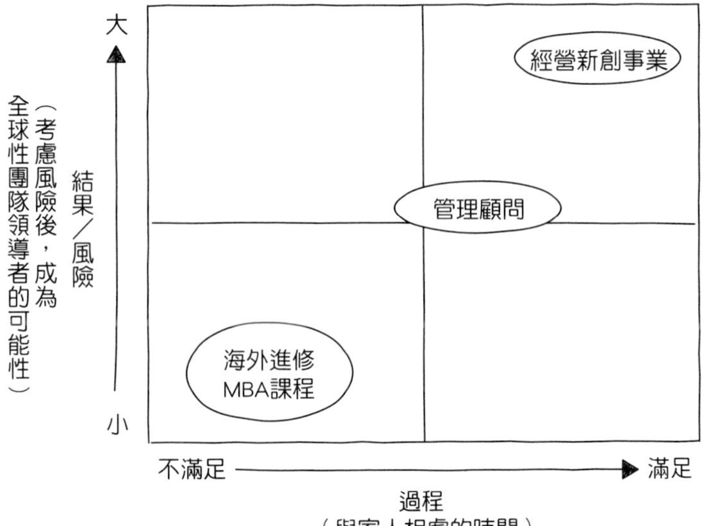

圖 127　圖像思考職涯計畫 ⑥

風險，變成一個「結果／風險」的「新坐標軸」（圖127）。結果，海外進修MBA課程依然是最佳的選項。

即使如此，我們仍舊不可能說走就走、立刻去海外進修MBA課程，因爲還有其他考量，就是「金錢」。這項要素尚未出現在圖像中。

因此，我們可以用多層「田字圖」，在圖像中加入金錢要素。這麼一來，我們就能看出其中兩個選項比較靠近右上的理想樣貌，那就

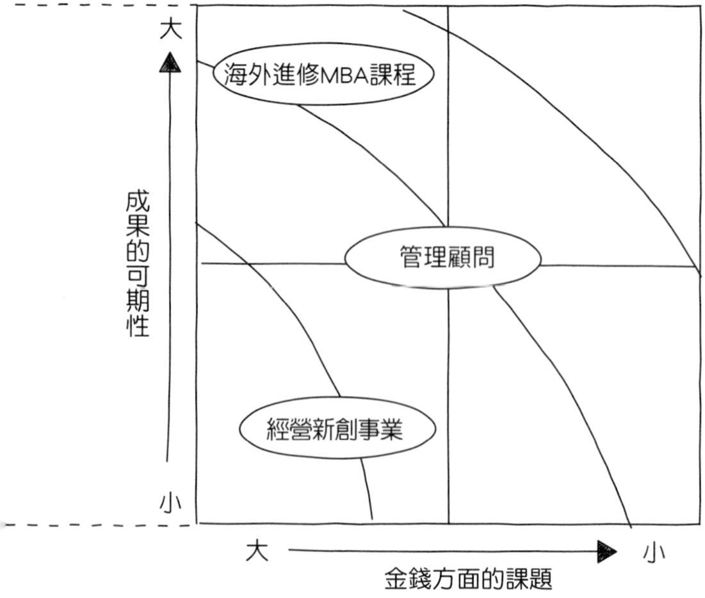

是「管理顧問」和「海外進修MBA課程」（圖128）。管理顧問此選項是沒有金錢問題，但有風險，又難以抽出時間與家人共處；海外進修MBA課程則是風險小，又有時間與家人共處，但需要花一筆大錢。我們必須在這兩者之間做出取捨。

若能在更靠近右上方之處發現新的選項，就再好不過了。因此我們就能一邊注視圖129的「空白處」，一邊繼續思考。

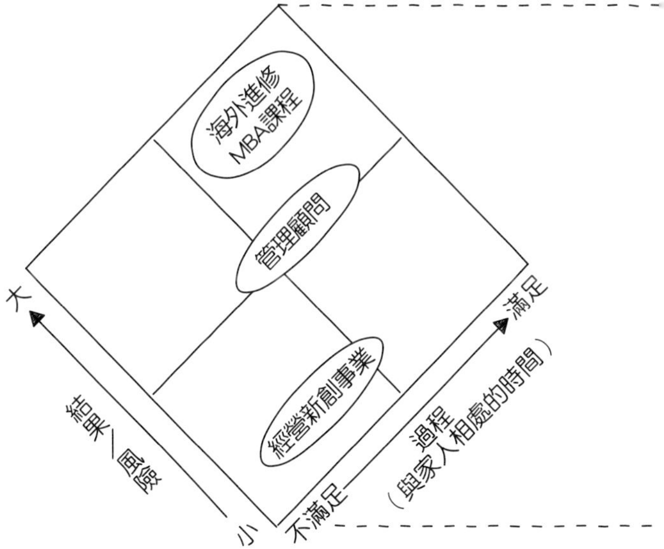

圖128 圖像思考職涯計畫⑦

不花錢、英文、念MBA……像這樣繼續思考下去，腦中是否浮現了新的選項了？

比方說，一邊工作，一邊在國內進修全英語教學的MBA課程，等到實力增強後再換工作（圖129）。

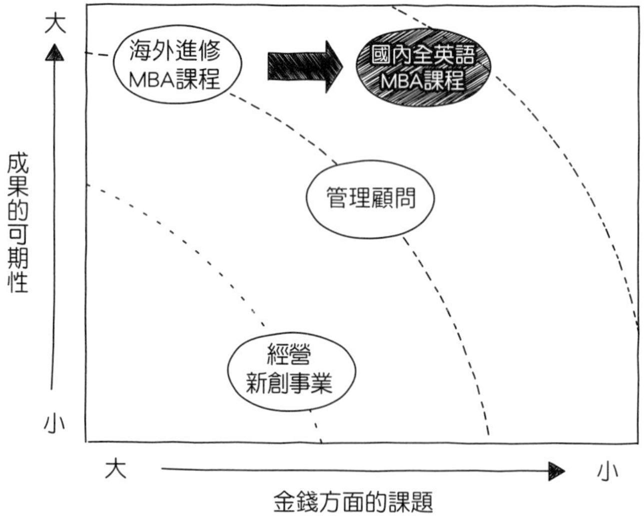

圖 129　圖像思考職涯計畫 ⑧

繪製成全局圖

我們一邊繪圖一邊在解決的課題是，如何填補「理想樣貌」與「現狀」之間的「落差」。

這個落差是源於各式各樣的切入點，包括金錢面向、自身能力、風險及成功率、與家人的關係等等。在同時克服這些相反的論點後，我們最終能找出的一個選項，就是在國內進修全英語教學的ＭＢＡ課程。這個選擇是謀定後動而不貿然行事，也就是先自我投資（而且不用花太多錢），等到奠定實力後，才大展身手。

再者，奠定實力後才大展身手，也會提升成功率。等到在國內念完ＭＢＡ課程，再換工作也不遲。而且當自己實力愈堅強時，工作上的負擔應該也會變得愈輕。這麼一來，還能盡可能地保全與家人的共處時光。

這次我們所找到的解決方案是，**善用時間差**將投資與成果**加以組合**，以此克服「二律背反」。若能同時確保家庭生活水準及家人共處時間，又能避開金錢問題，成果也十分值得期待。這樣的解決方案也可畫成「自我強化型迴圈」（圖130）。

如果將前面思考出的結論，整理成一張非常簡單的「全局圖」，就會如同圖131。接下來，將橫軸設爲時間，縱軸定爲任務（該做的事），例如寄送申請、參加考試等等，就能訂定出「計畫」了。然後，只要謹愼踏實地採取行動，最後自然而然能成爲一名「全球性團隊領導者」。

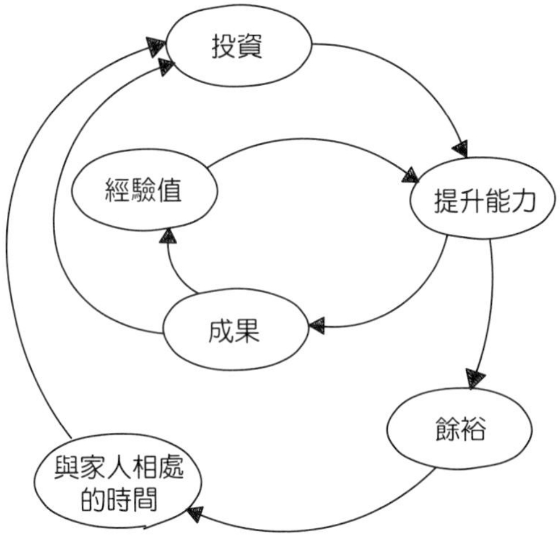

圖 130 圖像思考職涯計畫 ⑨

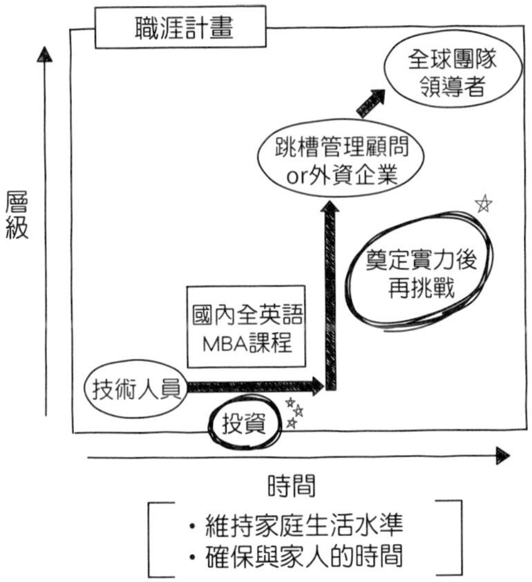

圖 131 圖像思考職涯計畫 ⑩

後記

改變思考方式就能改變人生

強化「思考力」，永遠不嫌太遲。

只要你此時此刻開始確實鍛鍊，就會看到成效，而「圖像思考」也是其中一個練習選項。擔任管顧期間，我經常建議年輕的管顧，不要追求速成性的成果，不要急於晉升。因爲我見過太多人，因爲過於相信一些花拳繡腿的功夫，而在一次滑鐵盧後墮入惡性循環，從此自舞台上消失。

人生看似短暫，其實漫長（雖然反過來說也能成立……），好好奠定基礎，培養實力，只要最終能讓「時間×想做的事（或該做的事）」的面積擴展至最大，就已足夠。如果從人生總合起來的成就大小，也就是人生所有成就的面積大小來看，辛苦完成艱難的工作，腳踏實地養成實力，一定比靠機運遇上合適的好工作而一步登天，更能在最後得到豐厚的成果。若畫成圖像，大概就如同圖132。當然，這裡所說的實力，大部分是指「思考力」（並非指全部）。邏輯思維、思辨能力當然也包含其中，而本書所討論的繪圖、圖像思考、真正的解決問題能力，一定也具有重大的意義。若能從年輕開始養成「思考力」，未來能成就的工作一定也更大。反之，過於專注在短期的成就上，以長遠來說，就無法擁有更大的成就。換言之，愈是設法快速提升成果，就愈有可能陷入成果無法提升的窘境。

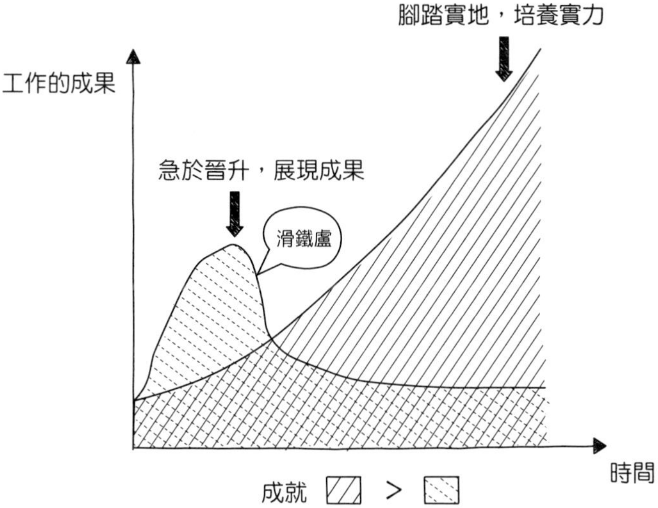

圖 132　讓人生不同的思考方式

所以，我總是提醒著肩負未來的年輕人：不要急、不要慌，請你們腳踏實地慢慢成長。確實鍛鍊出思考力後，自然能累積出成果。本書以「圖像思考」為主題，介紹了各式各樣的「模型」和事例。這些一定都能為各位帶來助益。但歸根究柢，最重要的還是「基礎」的大腦實力。這也許就體現於自由發揮的概念圖上。此為將腦中的意象，落實成紙上的圖像，並與其對話的過程；是以圖像掌握各種事物的態度；是自由奔放的發想；是多面性的觀點、視角及視野；是全局圖；是合理批判的眼光；是透過抽象化，揪出本質；是形狀的力量；是腦中存放著模式及「模型」的抽屜；是類推法的運用；是異質性的組合；是思考的發酵熟成；是下意識的運用；是用手思考的技巧；是日復一日的好奇心與思考習慣。這些應該就是基礎大腦實力的本質所在吧。

開始永遠不嫌太遲，只有做或不做而已。

若能幫助各位讀者多少提升一些「思考力」，我將會非常開心。

Eurasian Publishing Group
圓神出版事業機構
用心與你對話・網野無限寬廣
先覺出版社
Prophet Press

www.booklife.com.tw　　reader@mail.eurasian.com.tw

商戰系列 209

圖像思考的練習：這樣做，推動10億生意、調解糾紛、做出成果

作　　者／平井孝志
譯　　者／李璦祺
發 行 人／簡志忠
出 版 者／先覺出版股份有限公司
地　　址／臺北市南京東路四段50號6樓之1
電　　話／（02）2579-6600・2579-8800・2570-3939
傳　　真／（02）2579-0338・2577-3220・2570-3636
總 編 輯／陳秋月
資深主編／李宛蓁
責任編輯／林亞萱
校　　對／林淑鈴・林亞萱
美術編輯／林雅錚
行銷企畫／陳禹伶・黃惟儂
印務統籌／劉鳳剛・高榮祥
監　　印／高榮祥
排　　版／陳采淇
經 銷 商／叩應股份有限公司
郵撥帳號／ 18707239
法律顧問／圓神出版事業機構法律顧問　蕭雄淋律師
印　　刷／祥峰印刷廠
2021年4月　初版

定價 360 元　　ISBN 978-986-134-377-8　

專家難免跌跤，新手也能成功。
在談判中，徹底成功不是個合理的目標。
你的目標應該是鍛鍊自己的能力，
讓自己在多數時間裡都能做出更好的決定。

——《頂尖名校必修的理性談判課》

國家圖書館出版品預行編目資料

圖像思考的練習：這樣做，推動10億生意、調解糾紛、做出成果／
平井孝志 作；李璦祺 譯.
-- 初版. -- 臺北市：先覺出版股份有限公司，2021.04
320 面；14.8×20.8 公分. --（商戰系列；209）
ISBN 978-986-134-377-8（平裝）

1.企業管理 2.創造性思考

494.1　　110002364